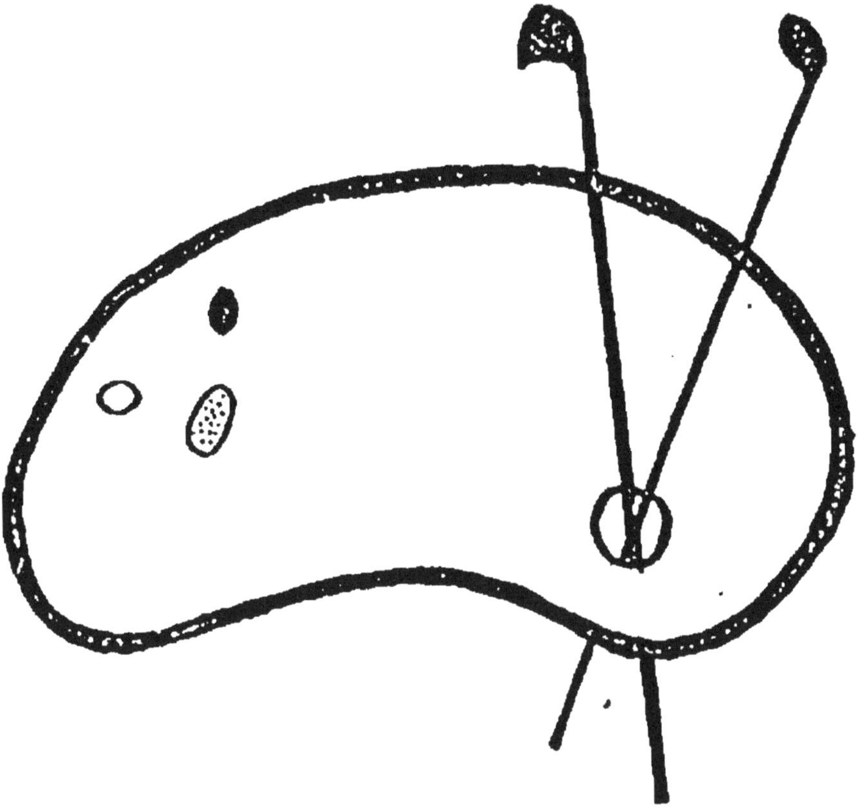

DEBUT D'UNE SERIE DE DOCUMENTS
EN COULEUR

L'ART D'ÉLEVER

LES

VERS A SOIE

Par l'Abbé BOISSIER DES SAUVAGES

NOUVELLE ÉDITION

Tirée de l'édition de 1788, ordonnée et annotée

A L'USAGE DES SÉRICULTEURS MODERNES

Par G. LUPPI

Docteur en médecine, Chevalier de l'ordre de la Couronne d'Italie,
Auteur du *Dictionnaire séricologique*, etc., etc.

LYON

LE MONITEUR DES SOIES

14, RUE DE LA BOURSE

1881

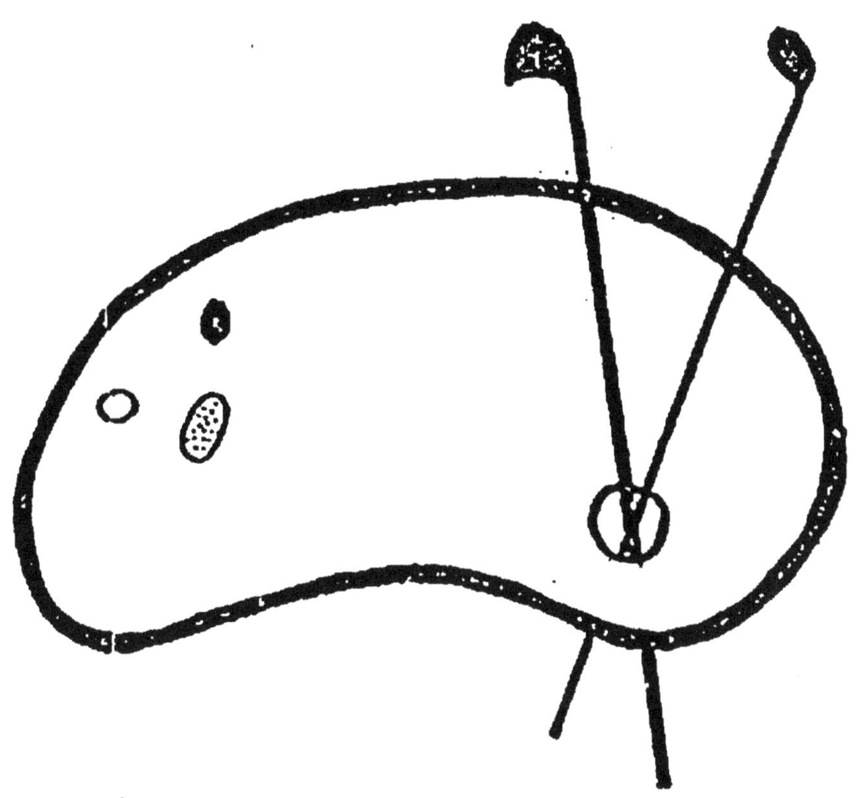

FIN D'UNE SERIE DE DOCUMENTS
EN COULEUR

L'ART D'ÉLEVER

LES

VERS A SOIE

Par l'Abbé BOISSIER DES SAUVAGES

NOUVELLE ÉDITION

Tirée de l'édition de 1788, ordonnée et annotée

A L'USAGE DES SÉRICULTEURS MODERNES

Par G. LUPPI

Docteur en médecine, Chevalier de l'ordre de la Couronne d'Italie,
Auteur du *Dictionnaire séricologique*, etc., etc.

LYON

LE MONITEUR DES SOIES

14, RUE DE LA BOURSE

—

1881

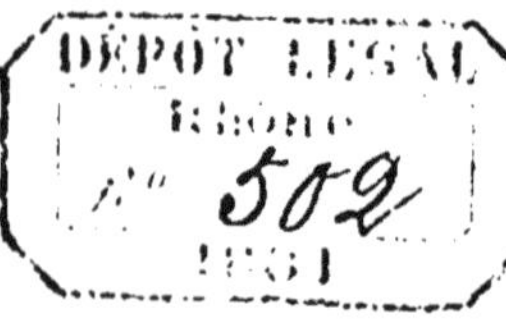

PRÉFACE

Ce serait ne pas se montrer de notre siècle, que
de faire remonter au hasard ou à quelque influence
surnaturelle le fait qu'on observe constamment
en sériculture, je veux dire, les abondantes récoltes
qu'on réalise presque sans disconstinuation dans
certaines magnaneries, tandis que dans tant d'autres on échoue plus souvent qu'on ne réussit. Pour
se rendre compte de ce contraste, mieux vaut donc
se tenir à la tendance scientifique de notre époque,
en admettant l'existence d'un nombre indéterminé
d'influences ou de causes naturelles, favorables aux
uns, défavorables aux autres. De cette manière, si
la curiosité ou l'intérêt nous poussent à vouloir connaître quelles sont ces causes, leur nombre et leur
mode d'affecter les êtres vivants, nous en viendrons
très-aisément à bout, rien qu'à l'aide de l'observation et de l'empirisme expérimental.

D'ailleurs — je m'empresse d'en assurer le lecteur, — l'enquête sur les causes de l'issue bonne et
mauvaise des éducations séricoles, au point de vue
de l'industrie, n'est plus à faire. Personne n'ignore,
en effet, que l'étude de l'histoire de l'insecte de la
soie remonte à quelques siècles, et que les notions
nécessaires pour obtenir de splendides récoltes sont
toutes dans le domaine public. On peut même dire
qu'aujourd'hui en sériculture, ce ne sont pas les
connaissances pratiques qui manquent pour réussir.
Les insuccès tiennent évidemment à d'autres cau-

ses, dont une des plus fréquentes — au dire de Boissier des Sauvages — est l'impéritie ou la négligence
des éducateurs. Tant qu'il y aura des sériculteurs
— et il y en a toujours — qui réussiront avec la
même graine, qui cultivée par d'autres éducateurs
échouera plus ou moins complètement, il faudra
croire, que les causes malfaisantes sont connues,
et soigneusement écartées par les uns, et mécon-
nues ou constamment négligées par les autres. D'où
on peut hardiment tirer la conséquence, qu'à moins
de contingences désastreuses, irréparables par leur
véhémence et par leur étendue, la sériculture pros-
pèrera ou déclinera en raison de l'habileté et du
zèle, ou de l'impéritie et de la nonchalance de l'é-
ducateur.

Commentant ainsi l'idée de Boissier, et appuyé à
une autorité aussi compétente, je me crois presque autorisé à prier les éducateurs de réfléchir à la
responsabilité qui leur incombe, dans l'insuccès de
leurs éducations. Il n'y a pas d'éducateurs heureux
et de malheureux, il n'y en a que d'instruits et d'i-
gnares, d'alertes et d'inattentifs.

★★★

Je reviens à ce que je disais quelques lignes plus
haut au sujet des causes nuisibles à l'issue des éducations, auquel propos j'ai émis l'idée que toutes
ces causes étaient connues. A cette idée j'ajouterai
maintenant que ces causes ne sont pas toutes impré-
voyables et irrémédiables, et que ce sont ces causes
qu'on peut prévenir, ou qu'on peut neutraliser, dont
l'éducateur est incontestablement responsable. Je
m'aperçois commettre une inexactitude, que je tâ-
cherai de réparer, dès que j'aurais présenté au lecteur quelques considérations sur la méthode que je
crois la meilleure à suivre dans la question soulevée
en sériculture à propos de la nouvelle acquisition
étiologique faite à l'aide du microscope.

Quoiqu'en toute chose, l'esprit du siècle tourne
aux réformes et aux inventions, il faudrait ne pas
avoir vécu 20 ans de vie intellectuelle pour n'avoir
constaté combien d'inventions et de réformes, qui

n'ayant pas répondu à l'attente ont dû être reléguées dans la catégorie des tentatives stériles, ou dans celle des présomptions primesautières. Ainsi, après avoir acquis assez d'expérience, pour me croire en droit de raisonner, la crainte de faire nombre parmi les crédules de la première heure a contribué à me rendre tant soit peu sceptique à l'égard de tout ce qui apparaît de nouveau à l'horizon de la science, quelle que puisse être son origine, et quelle qu'en soit la portée. L'application que j'ai faite de ce sentiment en différentes circonstances, m'a persuadé que pourvu qu'il ne soit pas poussé jusqu'à l'incrédulité systématique, il doit servir comme la précaution la plus utile, à l'aide de laquelle l'esprit peut s'abriter des illusions d'autrui et des nôtres. Cl. Bernard, qui s'y connaissait en fait d'inventions et de découvertes, a dit quelque part : « Qu'on n'est jamais sûr d'être dans le vrai, que lorsqu'on a fait tout son possible, pour se *démolir*, sans pouvoir en venir à bout. »

C'est pourquoi, malgré la haute estime que j'ai de l'ouvrage que je présente à mes lecteurs, je n'ai garde de promettre aux éducateurs qui l'adopteront pour guide, des récoltes toujours exceptionnellement plantureuses. Je tiens trop à ne pas me mettre dans le cas d'avoir à me déjuger, pour ne garantir autre chose que celle-ci, à savoir que les éducateurs qui auront profité des conseils pratiques de Boissier n'auront rien à se reprocher dans le cas d'insuccès, si toutefois ils peuvent se dire à eux-mêmes d'avoir observé les prescriptions du maître, et de ne pas s'être mépris sur leur interprétation.

L'inexactitude que je mentionnais il y a un instant est un oubli, et cet oubli se rapporte à la découverte micrographique faite par mon ami très-regretté Guérin-Méneville. Cette découverte qui date déjà depuis une trentaine d'années portait dans ses flancs les germes d'une cause nouvelle à ajouter à toutes celles qu'on connaissait depuis longtemps comme préjudiciables à la sériculture, et un argument prétendu irréfutable en faveur de la théorie panspermiste.

La maladie des muscardins prédominait dans les magnaneries italo-françaises, lorsque les corpuscules firent leur entrée dans le domaine de la science micrographique. Soupçonnés à première vue, par Guérin-Méneville, n'être que des hématozoïdes, et ensuite pouvoir rep ésenter le mycelium de la Botryte de Bassi, furent reconnus comme n'étant que des productions organiques animales par les savants italiens, ayant à leur tête l'illustre professeur Cornalia, qui s'empressait de les classer dans la catétorie des symptômes de mauvais augure, d'où on aurait parfaitement fait de ne plus les sortir. Telle ne fût pas l'idée de M. Pasteur, qui ayant observé que ces corpuscules abondent dans les vers atteints ou morts de la pébrine, il se crut autorisé par ces observations à affirmer que ces corpuscules, ne sont autre chose que des organismes parasitaires, provenant de germes répandus dans l'océan atmosphérique et toujours prêts à tomber à point nommé sur le ver à soie déjà indisposé, ou très-disposé à le devenir. Tel est le point de départ de l'application de la théorie panspermiste ou microbiotique, ainsi qu'on l'appelle aujourd'hui, à la sériculture.

Ou je me suis démesurément trompé, ou l'apparition de cette théorie, présentait une occasion très-favorable pour donner libre essor à mon scepticisme. C'est ce que je me suis empressé de faire, et bien m'en a valu, l'expérience ayant démontré que toutes les promesses prodiguées aux sériculteurs qui adhéreraient à cette étrange doctrine sont restées à l'état de lettre morte.

Les éducateurs, loin d'avoir été si largement indemnisés de toutes les pertes essuyées les années précédentes, ainsi qu'on le leur avait garanti à maintes reprises, en ont subi d'autres, ce qui les a réduit à ne savoir plus à qui entendre pour se tirer d'affaire.

Voici un tableau qui justifie leur désarroi :

TABLEAU STATISTIQUE SÉRICOLE DEPUIS 1871 A 1880

Dates	Nombre des Eleveurs	Onces de Graines	Kilos de Cocons récoltés	Rendem' d'une once gr**
Avant l'épidémie 1853-55		943 985	25 098.152	26.27
1871.........	139.922	711.209	9.297.608	13.
1872..... ...	200.538	809.581	9.871.116	12.2
1873.........	180.506	736.750	8.360.642	11.3
1874.... ...	198.013	723.982	11.071.694	15.3
1875.........	197.799	659.577	10.770.563	16.3
1876.........	151.883	516.950	2.398.385	4.6
1877.........	164.347	562.032	11.400.456	20.3
1878.........	166.114	509.049	7.718.200	15.1
1879.........	121.173	453.251	4.775.415	10.5
1880.........	154.732	462.893	6.488.496	14.
Totaux et moyenne....		6.145.274	82.150.575	13.26

Ce tableau calqué sur le compte rendu des récoltes que publie chaque année le *Bureau du Syndicat de l'Union des Marchands de soie de Lyon* ne laisse aucun doute sur son exactitude, garantie par les nombreuses et compétentes informations que le dit Syndicat a sa disposition, et la sincérité intelligente de M. Marius Morand qui en est le Rédacteur.

Le tableau statistique ci-dessus, dans lequel sont récapitulés les montants de dix dernières récoltes réalisées en France, jette une sombre lueur sur la situation plus que précaire dans laquelle se trouvent les éducateurs séricoles. Placés entre l'effrayante réalité des données statistiques, et le vague espoir d'une bienfaisante intervention quelconque qui vienne à leur secours, plusieurs d'entr'eux ont fini par s'impatienter jusqu'au point de perdre contenance. Il y a plus : un certain nombre d'éleveurs se laissant emporter par la colère, ont extirpé leurs mûriers comme s'ils eussent voulu s'interdire le retour à toute idée de réconciliation.

Cependant, il n'y a pas encore d'urgentes raisons pour se désespérer. Tant qu'il y aura des éleveurs heureux, je veux dire de ceux qui réalisent de magnifiques récoltes — et par bonheur, il y a encore maintes magnaneries dans lesquelles une once de graine rend 30, 40, 50 kilos de cocons et plus, — la sériculture ne sombrera pas.

L'intérêt bien entendu des sériculteurs malheureux peut leur imposer l'abstention dans l'attente d'un avenir plus propice, mais la prévoyance exige de ne pas se livrer inconsidérement à aucune détermination de nature à leur empêcher d'en revenir, et certes, celle de l'abattage des mûriers serait la plus funeste.

Ce que les éducateurs ont de mieux à faire, à mon avis, dans cette circonstance, est d'en prendre leur parti, et de se recueillir pour se préparer à la reprise. Dans cet entre-temps on pourra jeter un coup d'œil rétrospectif sur tout ce qu'on n'a pas fait, et sur tout ce qu'on a fait pour conjurer le fléau, et peut-être y trouvera-t-on de précieux enseignements. Mais avant de se mettre à l'œuvre il sera utile de se dégager de toute idée préconçue, sans quoi on ne pourrait impartialement apprécier la portée des faits et des arguments que l'expérience et la logique ont apportés à la controverse pendant quinze ans consécutifs. Si l'on parvient à constater que tout ce qu'on a fait n'a pas abouti à améliorer la statistique, on sera obligé de se le tenir pour dit, et on fera bien de réfléchir qu'il ne sert de rien de regimber contre des argumentations basées sur la logique et sur l'inflexibilité des chiffres. La statistique en sériculture est le peigne des tisseurs, contre lequel viennent s'arrêter tous les nœuds de l'ourdissage de l'étoffe.

★★★

Pour peu qu'on ait lu des livres de séricologie, on aura sans doute acquis la conviction que les causes qui empêchent la réussite, sont à peu près les mêmes dans toute l'étendue du monde séricole, et que la manière d'élever les vers à soie ne diffère pas essentiellement d'un pays à l'autre. Seulement les influences atmo-telluriques peuvent varier selon la région et selon l'année. Bien des sériculteurs se se rvent de la variabilité saisonnière et climatérique pour se rendre compte de l'abondance des récoltes dans certaines localités comparativement à celles qu'on obtient dans d'autres localités moins favorisées. A cet égard on peut dire que si on aurait tort de méconnaitre la grande influence qu'exercent sur nos chambrées la saison et le climat, on aurait tort aussi d'envisager ces deux influences, comme les seules qui décident des bonnes et des mauvaises récoltes, ainsi que de les considérer comme absolument réfractaires à toutes les ressources de l'art séricole. Si l'on ne sait abriter les mûriers ni de la gelée, ni des cyclones atmosphériques, on peut cependant préserver les vers de toute bizarrerie saisonnière, car l'éducateur doit toujours être à même de pourvoir ses élèves d'une atmosphère artificielle. Le ver à soie, dans une magnanerie bien conçue et bien soignée, ne doit pouvoir mourir que de faim.

★★★

Si j'avais écrit cette préface avant la découverte de Guérin-Méneville, il est évident qu'en fait de causes préjudiciables à la sériculture, je n'aurais eu rien à ajouter à ce que tant d'autres écrivains, et plus particulièrement Boissier des Sauvage nous ont transmis à ce sujet. Mais par le fait de cette découverte, l'étiologie séricole s'étant enrichie d'une cause et l'hygiène d'un expédient préservatif, et cette cause et cet expédient étant e ncore du domaine de la discussion je ne juge pas tout à fait inutile d'en entretenir encore une fois mes lecteurs, ne seraitce que pour leur soumettre les conclusions auxquelles j'ai été amené par mes longues études sur cette question. Si ces conclusions ne concordent pas en tout point avec les dernières conséquences de l'hypothèse à l'aide de laquelle on a prétendu don-

ner à la pathologie bombycine l'appui de la science,
qu'y faire ? Lorsqu'on a pour soi la logique et l'empirisme expérimental, il est permis de douter de la
justesse des idées les plus ingénieuses, émaneraient-
elles même d'une autorité scientifique des plus
indiscutables, comme — je m'empresse de l'ajouter
— c'est le cas dans cette circonstance. Mais tout
individu — quel que soit la couche scientifique à
laquelle il appartienne — qui est appelé à accorder
sa conviction à ce qu'on lui propose de croire, a le
droit, si je ne m'abuse, de réfléchir avant de s'y déterminer.

C'est pourquoi j'espère que personne ne trouvera
mauvais, qu'en ma qualité de médecin j'aie dû réfléchir, avant d'y adhérer, à une doctrine médicale qui
dès son apparition, je prévoyais déjà, aurait envahi
la zoonomie et la médecine — et je ne me suis guère
trompé — et qu'après avoir réfléchi je sois resté
convaincu, qu'au nom de la dialectique, je pouvais
me tenir à ma première impression qui était la
bonne.

Voici donc ces conclusions :

1° A mon avis c'est se méprendre que de ranger
la sériculture dans la catégorie des industries agricoles, comme si l'on cultivait les vers sur les mûriers et que ces vers, à l'état de domesticité, n'eussent besoin, pour réussir, que d'une bonne alimen-
tation et d'une saison propice. Quoique cette assertion puisse paraître de prime abord comme pure sub-
tibilité d'un critique aux abois, cependant envisagée
au point de vue de la manière généralement suivie
d'élever les vers à soie, elle présente une certaine
importance ; et d'ailleurs, si les vers dans nos magnaneries se trouvent dans une condition de domesticité, on ne voit pas le pourquoi on se refuserait à
qualifier la sériculture de l'épithète de domestique.
Si M. Pasteur eût été de cet avis, il aurait eu une
arme de plus pour sauvegarder l'impeccabilité de sa
doctrine : mais ne s'étant jamais fait une juste idée
de l'influence qu'exerce l'éducateur sur l'issue des
éducations, il a pu dire que la graine sélectionnée
n'avait d'autres risques à courir que ceux qui sont

inhérents à toutes les *industries agricoles.* En s'exprimant ainsi, il a oublié les risques provenant de l'impéritie et de la négligence de l'éleveur, risques beaucoup plus fréquents et même souvent plus préjudiciables que les risques climatériques et saisonniers. C'est sans doute un oubli par inadvertence de sa part, car, à tout prendre, il aurait eu le plus grand intérêt à mettre les insuccès sur le compte de l'éducateur. Je n'insisterai donc pas, d'autant plus qu'à cette heure, les mésaventures de sa doctrine doivent l'avoir persuadé qu'en fixant trop intensivement son objectif, il ne s'est pas aperçu qu'il y a un art séricole et que cet art demande une somme de connaissances spéciales pour pouvoir être exercé convenablement.

Je me permettrai seulement d'en tirer la conséquence, que tout ce qui peut atténuer — ne serait-ce qu'une locution — la responsabilité de l'éducateur, ne peut tourner qu'au désavantage de la prospérité séricole. Cette malheureuse locution, M. Pasteur l'a commise : il faudra donc la réformer et dire : « la graine sélectionnée réussira plus ou moins probablement qu'elle sera cultivée par des éducateurs plus ou moins instruits dans leur art. »

2° La saison — je l'ai déjà dit plus haut — à moins d'être désastreuse abominablement, on ne doit pas l'envisager comme une cause majeure pour la magnanerie, pouvant cependant le devenir pour le mûrier. C'est le seul contre-temps qui soit vraiment à craindre, et dont on ne puisse pas demander des comptes à l'éleveur. Par contre, l'éducateur doit être tenu responsable de tout ce qui se passe en bien et en mal, dans ses chambrées, je parle, bien entendu, des éleveurs qui ont reproduit et conservé eux-mêmes les graines. Boissier leur apprendra comment il faut s'y prendre et comment s'y prennent les sériculteurs qui réussissent le plus constamment, envers et contre les mêmes intempéries saisonnières, dont d'autres éducateurs de la localité se servent pour se rendre compte de leurs insuccès.

3° Le microscope est entré dans la sériculture, et il n'est pas inutile qu'on lui conserve une place, sinon d'indispensable, comme les microbistes lui ont assignée, au moins celle qu'on ne peut absolument lui refuser, vu le rôle qu'ont accordé aux infiniment petits les savants italiens, celui de representer un symptôme de mauvais augure. Mais en faisant même de la présence de ces productions anormales, qu'on constate dans l'intimité des éléments anatomiques un symptôme, et admettant aussi que ce symptome soit le résultat d'une maladie virulente et partant contagieuse et héréditaire, il ne faudrait pas croire que ces concessions, de pure circonspection nous entraînent logiquement à nous montrer encore plus condescendants.

L'éleveur pourra donc inspecter la graine qu'il serait obligé de se procurer du commerce, mais non avec la conviction d'être certain que l'ayant trouvée acceptable, la récolte soit par cela même assurée. Les maladies, même les virulentes, ne sont pas toujours provoquées par un virus, et moins encore par un virus figuré. Les cadavres morts flats ne présentent pas toujours des vibrions, ce qui démontre que la flacherie peut s'engendrer spontanément et qu'elle peut tuer les vers avant la phase où commence la dégénérescence organique.

Si je croyais utile d'instruire les éducateurs sur ces questions de haute pathologie je ne manquerai pas d'exemples, puisés dans ma pratique médicale pour leur prouver que :

1° L'éducateur, tout en croyant à la contagiosité et à l'héréditariété de certaines maladies, qui affectent les vers à soie, doit croire aussi que ces maladies puissent se déclarer sans l'intervention d'une cause spécifique, et simplement par les innombrables modifications que peuvent assumer les agents qui nous font vivre, et leur succession déréglée. Il a lieu de se montrer convaincu que c'est la maladie qui engendre, par suite d'un pervertissement fonctionnel, local ou général, ces petits rien microscopiques, dont un bon nombre, par leur nature organique (mais non organisée) et par loi catalytique, jouissent de la propriété de se multiplier, au sein d'un milieu conforme à celui d'où ils tirent leur origine, et conséquemment provoquent la même maladie qui les a fait naître. Voila la seule croyance admissible.

2° Ce qu'il y a de plus indispensable pour la bonne réussite des éducations, c'est que l'éleveur soit bien convaincu de l'efficacité des précautions hygiéniques, et que c'est à lui seul qu'incombe la mise en pratique de ces précautions, et pour cela sa présence continuelle dans la magnanerie est indispensable.

3° Parmi ces précautions, une des plus utiles est celle de surveiller attentivement ses vers, particulièrement lorsqu'ils mangent. C'est le moment de pratiquer la sélection, en sortant de la claie, les quelques vers qui présenteraient un maintien souffreteux pour les transporter dans un petit local et les y tenir jusqu'au recouvrement complet de leur appétit.

★★★

Les idées théorico-pratiques, que je viens d'ébaucher, suffiront — tout au moins je l'espère — pour justifier la crainte que les adversités de la sériculture française soient dues, en grande partie, au manque de savoir ou de savoir faire de la plupart des éducateurs. Cette crainte cependant — je l'avoue — n'est pas généralement partagée, et probablement je ne suis pas en grande compagnie à penser que la fortune sourit aux bons soins et à l'intelligence de l'éleveur. Je puis regretter que tout le monde ne soit pas de mon avis, mais je ne m'en étonne point. Les vers à soie, d'aucuns disent, réussissent relativement mieux dans les mains de personnes inexpérimentées que dans les magnaneries les mieux conçues et les plus habilement dirigées. Les bonnes femmes de la campagne, qui ne savent ni lire ni écrire, réalisent le plus souvent de bonnes récoltes. Le ver à soie par sa nature cosmopolite s'accommode assez facilement de tous les climats et de toutes les températures, et se prête même à abréger son existence, à condition de le nourrir copieusement, et d'être maintenu dans un local très-chaud. Il n'en faut pas davantage pour que le premier venu croit pouvoir se dire éducateur et même exploiter la sériculture, et au besoin la sauver, sans avoir jamais vu le précieux insecte.

Cette croyance (corroborée en quelque sorte, par le peu de cas qu'on fait de l'art séricole, l'inventeur de la doctrine microbienne et ses adeptes) a fait son chemin sans broncher pendant tout le temps qu'a mis le fléau, pour parfaire sa parabole et cela sans qu'aucun de ceux qui la professent se soit douté un instant que lui et ses adhérents ont pu contribuer, par leur contingent d'impéritie, au maintien des moyennes désolantes que la statistique met en évidence chaque année.

Bien de préjugés et bien de croyances ignares dont se plaignait Boissier des Sauvages, tendent à disparaître, mais quoiqu'il en soit, la plus grande partie des éducateurs ne se montrent pas plus instruits qu'ils l'étaient du temps de l'illustre sériculteur des Cévennes. Au lieu de songer à leur instruction, on a préféré leur apprendre le procédé nouveau pour s'enrichir, en leur conseillant de profiter des découvertes micrographiques et des sublimes vérités qu'on en a fait jaillir. Les éducateurs ont dû s'apercevoir, quoique un peu tard, n'avoir pas été renseigné utilement sur la vraie route à prendre pour relever leur industrie, et d'avoir eu à faire avec des bonnes intentions et non avec des convictions suffisamment controlées.

La situation faite aux éducateurs, par une suite non discontinue de mauvaises récoltes et d'amères déceptions, est toute autre que rassurante pour l'avenir de l'industrie. Mais toutefois cette situation n'est pas irréparable. Si dans un moment de désarroi, l'éducateur a cru convenable de prendre la nouvelle route qu'on lui offrait comme une planche de sauvetage, il ne s'est pas interdit cependant la possibilité de rebrousser chemin pour revenir au point où en étaient ses prédécesseurs avant l'épidémie et où se sont toujours tenus et se tiennent encore ses contemporains les mieux avisés. Chaque science et chaque art ont leur aphorismes ou autrement leurs vérités axiomatiques. Une de ces vérités les plus indiscutables en médecine, c'est qu'on ne peut efficacement conjurer la menace des fléaux épidémiques que par les précautions hygiéniques scrupuleusement observées, et en sériculture domestique l'application également rigoureuse des mêmes précautions. Soins et hygiène, hygiène et soins, et on pourra préserver les magnaneries des maladies ordinaires et accidentelles, qui est le plus sûr moyen d'obtenir d'excellentes récoltes.

***

Tout éducateur impartial qui veuille se donner la peine de réfléchir à la portée du fait qui m'a servi de prémisse à mon raisonnement, — je fais allusion à l'écart qu'on a si souvent à constater entre les récoltes rémunératrices des uns, et les ruineuses des autres tout en cultivant une graine identique, — sera amené logiquement à se convaincre que les sériculteurs heureux, ne le sont que parce que plus instruits et plus attentif que les malheureux. Partant de cette prémisse, il pourra croire s'être mis sur la voie, qui aboutit à d'utiles conséquences pratiques.

Mais ce n'est pas tout, que de partir d'une idée juste pour obtenir tous les résultats qu'elle est susceptible de donner. Faut-il encore savoir bien s'en servir, pour lui préparer le terrain sur lequel elle puisse se déployer. Une fois admis que le sériculteur a besoin d'apprendre pour exercer l'industrie de sa production de la soie en connaissance de cause, il faudra chercher de lui fournir les moyens de s'instruire, ou que lui même tâche de se les procurer. En attendant qu'il puisse entrer dans les vues de l'administration gouvernementale de venir au secours d'une des branches les plus lucratives de richesse nationale, on ne peut compter que sur la bonne volontés des éducateurs pour pourvoir par eux même à leur instruction. La question placée à ce point de vue ne saurait être résolue que d'une des trois manières suivantes, et même dans les trois, il y en a deux, sur lesquelles on ne peut guère faire fond.

1° L'éducateur, pour se procurer les notions dont il a besoin, pourrait recourir à la complaisance de ceux parmi ses confrères, qui seraient à même de lui rendre le service de les instruire, ce qui offrirait de difficultés pour en trouver d'assez complaisants pour s'y prêter.

2° Il peut se livrer lui même à des tentatives expé-
rimentales ; mais ce moyen durerait trop longtemps, et ne donnerait que des résultats très-in-
certains.

3° Finalement il pourra s'instruire par la lecture
d'un livre technique. Si l'éducateur s'arrête à cette
dernière détermination — qui du reste est la seule
praticable à moins de s'en rapporter au premier ouvrage qui lui tombera sous la main, —celle de choisir,
dans le nombre le meilleur, il lui faudra comparer,
et pour comparer il ne pourra s'exempter de s'instruire préalablement sur la bibliographie séricole,
ce qui ne laisserait pas de demander beaucoup de
temps et beaucoup de patience.

Voulant éviter aux éducateurs la peine de s'éru-
dir pour se mettre à même de faire le choix d'un
guide auquel il puisse se rapporter en toute confiance, j'ai eu l'idée ne me charger moi-même de
cette rude besogne. En m'y décidant, j'ai dû, toutefois, tenir compte plutôt de ma bonne intention
que de ma compétence. Si je n'ai pas lu tous les
travaux littéraires concernant cette branche tech-
nologique , je puis dire cependant en avoir lu
bon nombre, et en tout cas suffisamment pour
m'être cru autorisé à donner la préférence au livre
de l'ABBÉ BOISSIER DES SAUVAGES (1), qui m'a semblé
satisfaire mieux que tout autre aux conditions requises pour instruire un débutant, et pour rectifier

---

(1) *Pierre-Augustin de Boissier des Sauvages*, érudit français né à Alais en 1710, mort dans la même ville en 1795.
Professa pendant quelque temps la philosophie au col-
lége d'Alais, puis s'adonna aux sciences physiques et naturelles. Sauvages avait soixante ans passés, lorsqu'il se
décida à se faire ordonner prêtre ; il fit à deux reprises le
voyage d'Italie et devint membre de l'Académie des sciences de Montpellier et de l'Institut de Bologne ; on lui doit :
Mémoires sur les muscardins 1748 : *Mémoires sur l'éducation des vers à soie* 1762 réédités sous le titre d'*Art d'élever
les vers à soie en* 1788.
Outre cet ouvrage estimé, Sauvages est l'auteur d'un dictionnaire Languedocien, Nîmes, 1753, réédité en 1820.

LAROUSSE.

les quelques croyances erronées qui règnent encore dans bon nombre de magnaneries.

Dans cet ouvrage, auquel j'ai arrêté mon choix, le sériculteur maître trouvera la confirmation de l'excellence de sa méthode d'élevage, et l'apprenti tout ce qu'il a besoin de connaître pour prendre bien vite sa place au milieu des éducateurs les plus instruits et partant les plus favorisés par la fortune..

Boissier des Sauvages, quoique très-instruit et même savant fort estimé, soit dans les sciences supérieures soit dans les sciences naturelles, ne dédaigna point de s'occuper de sériculture. Loin cependant de s'improviser sériculteur jugea convenable de se mettre au courant de tous les ouvrages séricoles parus en France et en Italie, s'instruisant ainsi préalablement pour ne pas commettre la faut e de mettre le char avant les bœufs. Non content de connaître ce qui avait été fait avant lui, il eut l'excellente idée de se renseigner auprès des praticiens les plus en renom de son temps, sur la méthode d'éducation qu'ils pratiquaient pour réussir mieux que les autres, et de cette manière après deux voyages en Italie, et maintes excursions dans les pays soyeux de France il pu s'habiliter à distinguer ce qu'il y avait à prendre dans les livres qu'il avait lu, et de mauvais, ou d'inutile à écarter.

Ces préliminaires accomplis, il ne lui restait plus que se mettre à l'œuvre, ce qu'il fit, en organisant une magnanerie d'essai sur une échelle suffisante pour pouvoir expérimenter d'une manière utile. Voilà Boissier apprenti sériculteur, qui se met en train de contrôler à la pierre de touche de son expérience personnelle, la valeur pratique des connaissances puisées dans son érudition, et dans les renseignements qu'il avait pu se procurer des sériculteurs ses contemporains. Une telle méthode suivi par Boissier pour s'instruire, avant de se croire autorisé à transmettre ce qu'il avait appris aux éleveurs débutants ou pas assez experts pour diriger une magnanerie est de nature — on en conviendra — à inspirer une confiance illimitée.

Tandis que généralement on cultive les vers à soie ou pour distraction, ou pour s'en faire une rente, Boissier ne cultivait le ver à soie que pour

apprendre l'art d'en tirer la quintessence. Le rendement de la graine, et la qualité des cocons et de
la soie servaient de point de repère à notre auteur
pour juger de la valeur des variantes méthodiques
d'éducation qu'il expérimentait. De cette manière il
a varié ses méthodes, n'ayant d'autre idée préconçue, ni d'autre but que celui d'atteindre à la plus
grande économie dans les frais, de rendre les récoltes plus plantureuses, et de ne donner que le moins
possible au hasard de la saison et du climat.

Boissier n'affirme que ce que l'expérience l'a,
pour ainsi dire contraint d'apprécier comme vraie-
ment vrai. Observateur judicieux, expérimenta-
teur indépendant et loyal, il ne s'est pas contenté
de ce qu'il a observé, et expérimenté une première
fois, sans le soumettre à de nouvelles expériences de
contrôle. Quand il affirme un fait, l'interprétation
qu'il en donne, et les conséquences pratiques qu'il
en infère on peut donc y croire sur parole. Du temps
ou Boissier débutait dans l'art séricole, la sséricul-
ture était encore sous le régime du plus pur empirisme, et on pouvait l'envisager à juste titre comme
une *industrie rurale*. Mais après les études expé-
rimentales de l'habile cévenol et la publication de
ses mémoires, cette industrie a revêtu le caractère
d'empirisme rationnel, ne demandant qu'à être professée par la méthode indiquée par Boissier pour
donner tous les résultats dont elle est susceptible.

C'est à Boissier que revient l'honneur de l'évolu-
tion d'après laquelle la sériculture est sortie du
nombre des *métiers agricoles*, pour entrer dans la
catégorie des *industries raisonnées*. Boissier marque ainsi la ligne qui établit le point d'arrivée de la
sériculture ancienne, et qui sert de point de départ
de la nouvelle.

Dans sa qualité de réformateur, Boissier ne pouvait éviter la crainte de ne pas être assez explicite
pour que ses lecteurs ou tout au moins les apprentis
pussent le comprendre et cette crainte l'a amené à
dépasser parfois les limites de la concision. Il est à
remarquer que son livre ne devait servir que pour
les patrons, et les contre-maîtres pour les rendre
aptes à enseigner à leurs subalternes novices, ou
routiniers. C'est lui même, qui a constaté ce défaut

si toutefois il en est un — et qui a indiqué la ma·
nière d'y remédier, dans le cas où on voudrait faire
servir directement pour los apprentis : il ne s'agirait
d'après lui que de le dépouiller de tout ce qui n'est
pas indispensables pour l'instruction technique pri-
maire des apprentis dont on voudrait faire des éle·
veurs.

Le morcellement qu'à subi la propriété rurale
après le 1789 a augmenté considérablement le nombre des propriétaires et conséquemment des sériculteurs et dont la plus grande partie par trop occupée pour se livrer à de longues lectures. Pour me
conformer aux exigences du travail, j'ai cru reconnaître l'utilité de faciliter aux habitants de la cam-
pagno la connaissance du livre de Boissier, en dépouillant cet ouvrage, ainsi que son auteur même
le conseille, de toutes les théories, et de tous les rai-
sonnements qui se rapportent à la physique et à
l'histoire naturelle, que l'éleveur peut ignorer im·
punément, tout en faisant de mon mieux pour ne
pas oublier toutes les connaissances, règles, et prescriptions indispensables pour réussir en sériculture.

Ai-je réussi, je l'ignore, mais j'incline à l'espérer,
si toutefois je puis compter sur la bienveillance du
lecteur, qui saura faire la part des difficultés que j'ai
rencontré pour façonner ce petit travail de manière
à pouvoir servir à tous les degrés d'intelligence et
d'instruction des éleveurs auxquel je l'adresse.

Puissent mes bonnes intentions être agréées comme
un témoignage de l'intérét que m'inspire les affli-
geantes conditions actuelles de la sériculture, et
comme l'expression de l'ardent désir de coopérer à
son relèvement.

Dᵣ G. L.

PREMIÈRE PARTIE

CHAPITRE 1ᵉʳ

DES MALADIES DES VERS A SOIE

§ 1ᵉʳ

MALADIE DES PASSIS OU DES PETITS (1)

« C'est au 2ᵉ âge qu'on aperçoit plus clairement cette *menuaille* de vers appelés *Passis*, qui se perpétue dans les âges suivants. Ce sont des vers entichés (*mal en santé*) dont plusieurs abandonnent, après un certain temps, la litière et la feuille et vont périr sur le bord de la claie. La chambrée fond peu à peu par ces fuyards, ou par ceux qui meurent sous la litière. Lorsque la cause de cette maladie a eu plus d'intensité dans ses effets, et que les vers en paraissent plus généralement affectés, ce sont les prétendus *Brulés* (2) qu'on jette sans autre façon. Lorsque cette cause a agi avec moins d'intensité elle produit le *Passis*, maladie dont les progrès plus lents sont moins alarmants dans le commencement et semblent donner quelque espérance (3).

(1) Ce mot passis vient de l'italien *passo-sa-se-se* qui correspond aux mots français *fané, flétri, desséché.*
(2) Cette maladie s'appelle la *Brulée* ou *Rouge* et les vers qui en sont affectés se dénomment *vers rouges, vers brulés* et en patois méridional *magnos roustis* ou *escausados* (échaudés).

(3) Selon que les suites de cette prédisposition congéniale, ou acquise à l'éclosion de ces petits vers se manifestent de bonne heure ou tard, Boissier les distingue en
passis de bas âge, et en *passis* des *derniers âges*, comme si
cette menuaille dût être considérée comme une pépinière
d'un grand nombre de maladies.   G. L.

« Cette maladie, une des plus fâcheuses,
qu'on ait dans nos ateliers peut être comparée à
une sorte de phthisie ou de marasme, qui rend
les vers chétifs, maigres, retraits, effilés, sans
force et sans vigueur (4).

(4) Cette comparaison que fait Boissier de la maladie
des passis avec une sorte de phthisie ne diffère point de
celle dont se sert M. Pasteur pour faire comprendre la manière dont il se représente la *pébrine*, qu'il compare lui aussi
aux effets de la phthisie pulmonaire. Si Boissier avait connu
les corpuscules, probablement il les aurait comparés
comme M. Pasteur les compare à des granulations de cellules cancereuses ou à des corps plus ou moins analogues
aux tubercules pulmonaires. La coïncidence dans la manière de voir de ces deux éminents séricologistes aurait été
encore plus frappante et l'autorité de ces deux noms nous
aurait valu un point de départ pour instituer des recherches concernant les rapports qui peuvent exister entre la
maladie des passis et la pébrine, et avec d'autant plus d'à
propos que M. Pasteur déclare « que la pébrine a toujours
existé » ce qui donne lieu à croire que Boissier en aurait
parlé, si tout en l'ayant observé, il eût reconnu des différences essentielles suffisantes pour en faire une maladie ty-
pique et non une variante de la maladie des passis. G. L.

« On appelle *arpians* les vers qui moins atteints de ce mal, le portent dans le dernier âge,
et *luzettes*, les mêmes malades, qui également
dans le dernier âge montent sur les rameaux
avec l'apparence de petits vers murs prêts à
filer, mais qui n'en ont que l'apparence. L'*arpian*
(du mot languedocien *arpo* qui veut dire *griffe*)
s'accroche avec ses ongles au corps où il
tient, et d'où on ne le détache qu'avec quelque
effort.

« Le vers passis ne ronge que peu ou point
la feuille, aussi en le disséquant on n'y trouve
que peu ou point de mangeaille dans l'esto-

mac; et on ne lui sent, par conséquent, point
de crottin, en lui pressant le derrière, ou le
bout du dernier anneau, ce qui est un des principaux caractères distinctifs du ver passis.

« A l'autopsie cadavérique de l'*arpian* — ou
passis de derniers âges, — on constate que le
contenu du boyau, au lieu d'être jaune, comme
en état de santé, n'est qu'un liquide clair et
limpide, et que le réservoir de la soie, qui au
troisième âge commence déjà à s'enfler, se
trouve entièrement vide au quatrième.

« La maladie des passis se déclare chaque
année dans quelque chambrée. Par de secrètes
informations on parvient à découvrir qu'on a
donné imprudemment ou par accident une trop
forte chaleur, soit aux graines en incubation, soit
aux vers au moment de ieur éclosion.

« Cette maladie revêt quelquefois le caractère épizootique, particulièrement dans les années où un froid plus intense que de coutume
engage le magnagnier à faire du feu. S'il arrive
de chauffer par trop vivement, sans y mettre
les précautions voulues , lorsque le toit n'est
pas disposé de manière à pouvoir chauffer en
toute sûreté, il y a à craindre la maladie des
passis.

« Boissier incline à croire que la cause do
cette maladie est entièrement due à la construction et aux dimensions du local, et à la
quantité de feu que fait le magnanier, dans le
cas d'abaissement de température, au moment
de l'incubation de la graine et de son éclosion.
Ce qui prouve qu'il en est ainsi c'est que dans
les Romagnes, la Toscane et dans le royaume
de Naples, la maladie des passis est inconnue,
par la raison que les vers éclosent spontanément
dans les climats de ces régions. Je n'ai jamais
vu des passis dans notre voisinage où en tout
temps on ne fait que fort peu de feu. Un sur-
croît de chaleur, dans un petit réduit, sous un

plafond bas, sans issues, sans ouvertures, où
tout est exactement bouché ne peut manquer
d'être une chaleur étouffée pour les vers nouveaux-nés et même pour la graine en voie
d'embryonnement. Par contre, si l'on donne
aux vers une plus forte chaleur, mais sous un
plafond haut et convenablement percé, cette chaleur, malgré son intensité, n'entraîne à aucune
suite désagréable.

« On appelle *Touffe sèche* ou des *Magnaniers*,
l'excès de chaleur renfermée, mais *sèche* dans
un local construit de manière à ne présenter
aucune issue par où l'air puisse sortir ou entrer. C'est cette touffe qui rend *passis* les vers
sur lesquels elle vient à se rabattre dans certaines circonstances, si elle y est stagnante.

« La maladie des passis est celle que les magnaniers redoutent le plus, soit à cause de la perte
qu'elle occasionne, soit parce qu'on n'y sait
point de remède. Ils ne la nomment qu'avec peine
et tout en avouant les autres maladies qui sont
comme naturelles, ils se dissimulent celle-ci
qu'on peut appeler une maladie artificielle, et
qui est un reproche de leur ignorance ou de
leur étourderie (5).

---

(5) Voilà rédigé aussi brièvement que possible le résumé
de la monographie concernant la maladie des passis, que
Boissier nous a transmise. L'éleveur trouvera dans ces
quelques pages tous les renseignements symptomatiques
pour connaître la maladie des passis, les causes pour le
prévenir et les prescriptions prophylactiques à l'aide desquelles il pourra réussir à en abriter ses chambrées. C'est
tout ce que l'éleveur avait besoin d'apprendre à ce sujet, et que Boissier pouvait lui enseigner. Voilà pour
l'éleveur, voici pour le séricologiste.

Boissier dit que la maladie des passis qui débute de la
naissance du ver et qu'elle tue presque immédiatement au
premier âge, si elle frappe avec beaucoup d'intensité, se
perpétue cependant jusque dans les derniers moments de
la larve en prenant diverses formes nosologiques dans le
cas où elle ne soit pas bien grave. Cette observation me paraît être d'une grande valeur dans les circonstances présentes dans lesquelles verse la sériculture, en faisant naître le soupçon que la maladie connue sous la dénomination

de *pébrine* ne soit qu'une variante de la maladie des passis. Je ne crois abuser de l'indulgence du lecteur en l'entretenant quelques instants de ce soupçon que l'impartialité pourrait bien en faire une réalité de la pratique séricole.

L'identité de la symptomatologie, de la pébrine et de la maladie des passis est un premier rapport qu'ont entre elles ces deux maladies. Un des sériculteurs des plus compétents, M. Eugène de Masquard, de Nimes, n'hésite pas à déclarer que : « Il faudrait y mettre de la mauvaise volonté pour ne pas reconnaître dans la symptomatologie que Boissier donne de la maladie des passis autre chose que notre maladie actuelle (1868). » M. Pasteur aussi semble s'être aperçu que la synonymie des maladies des vers à soie était trop riche relativement au nombre des maladies typiques auxquelles elle s'applique. « Je dois dire — c'est ainsi que M. Pasteur s'exprime, — que je ne connais guère que quatre maladies bien caractérisées chez les vers à soie ce sont la *grasserie*, la *muscardine*, la *flacherie* et la *pébrine*. Toutes les autres me paraissent entrer dans celles-ci. » Quatre types de maladies, à chacune desquelles se rattacherait, d'après M. Pasteur, un nombre indéterminé de variétés, qui ne diversifieraient du type que par quelques symptômes plus ou moins saillants, quoique provenant d'une même condition pathologique. Cette opinion coïncide parfaitement avec celle professée par Boissier, pour ce qui est du nombre des maladies typiques, mais non pour ce qui concerne la maladie des passis dont il en fait un type, tandis que M. Pasteur sans tenir compte de celle-ci, la remplace par la pébrine.

Quoique cette substitution n'amène pas à des conséquences de quelque valeur pour la pratique séricole, — pourvu qu'on ne la fasse servir pour laisser croire que la pébrine procède d'une cause différente de celles qui provoquent la maladie des passis, — toutefois je crois utile de faire remarquer, que les symptômes qu'on pourrait invoquer comme caractéristiques de la pébrine, et dont Boissier ne dit mot (et pour cause), je veux dire les corpuscules et les taches ne sont pas envisagées par M. Pasteur même comme immanquables. En effet, l'éminent chimiste dit quelque part : « que l'absence des corpuscules ne prouve pas l'absence de la pébrine » et que « les taches représentent un symptôme de gravité propre à plusieurs maladies. » Cela ne veut-il pas dire que ces deux symptômes ne sont pas les symptômes pathognomoniques de la pébrine? Ce n'est pas tout : est-ce que M. Pasteur n'a pas constaté la présence des corpuscules dans des chrysalides, qui dataient de 1838, et ce fait ne prouve-t-il pas que ces corpuscules existaient longtemps avant leur découverte, et plus que probablement depuis qu'on connaît la maladie des *passis* !

Je me résume. Une maladie telle que la pébrine qui par son cadre symptomatique apparent ressemble à s'y tromper à la maladie des passis, et qui étudiée par M. Pasteur, a fait dire à cet habile micrographe : « que la maladie qui dominait en 1865 lui paraissait avoir toujours existé, mais à un moindre degré » que les corpuscules datent de loin et qu'ils ne sont pas un symptôme indispensable ni caractéristique, ne se présentant d'ordinaire que dans la chrysallde et dans le papillon, » et enfin que « la maladie actuelle — 1866 — est, pour ainsi dire, inhérente aux éducations domestiques, et que nous ne faisons qu'assister depuis 20 ans à un état de choses qui a toujours existé dans de moindres proportions, » cette pébrine, dis-je, peut-elle être autre chose qu'une variante de la maladie des passis ?

Maintenant on peut se demander, laquelle de ces deux est le type et laquelle la variante. Au point de vue chronologique cette question n'en est pas une, et au point de vue de l'observation contemporaine la pébrine ayant disparu ou étant sur la voie de disparaître sans que pour cela disparaisse la maladie des passis, la priorité reste toujours à cette dernière. La pébrine n'est qu'une des variantes exagérée en gravité de la maladie des passis, et comme telle, même d'après la cause , qui selon M. Pasteur, conformément à Boissier « semble tenir à quelques circonstances défectueuses pendant la conservation de la graine ou à l'époque de l'incubation. »

M. de Masquard ne s'y est pas trompé. Dès 1853 cet habile sériculteur importait d'Italie le nom de *galline* pour signaler la maladie connue sous cette dénomination par les sériculteurs lombards, dénomination qui fut adoptée en France et plus tard devait se transformer dans celle de *pébrine* ou en celle de la *maladie de la tache*. A cette époque M. de Masquard disait ce que 12 ans après a répété M. Pasteur, à savoir, qu'il s'agissait d'une maladie qui existe depuis qu'on élève des vers à soie, mais qu'alors elle sévissait d'une manière très-intense et très-générale (*Courrier du Gard* 1853), précisément comme la maladie des passis s'était présentée sous forme épizootique parfois à Boissier.

De tout ce que je viens de dire, il me semble qu'on puisse s'autoriser à conclure que la *pébrine* n'est qu'une légère variante de la *galline*, et que celle-ci n'est autre chose que la *maladie des passis* de Boissier. D'où l'on peut inférer que pébrine, galline, de même que *atrophie, étisie, consomption, rachitisme*, etc., sont des maladies appartenant comme les *arpians* et *les luzettes* à une même famille, à celle de la *maladie des passis*, et par conséquent ne représentent que des variétés provenant des mêmes causes et greffées sur une même essentialité ou condition pathologique. — G.L.

---

§ 2

MALADIE DES MORTS BLANCS OU TRIPES (FLACHERIE)

« Les vers appelés *morts blancs* ou *tripes*, meurent, pour ainsi dire, avec tout l'embonpoint du dernier âge, en conservant toute leur taille et la blancheur de leur peau, comme ceux qui jouissent de la meilleure santé, ce qui fait qu'on ne s'aperçoit de la maladie et de leur mort que lorsqu'on change la litière. Ils sont la plus part un jour ou deux avant d'expirer étendus de toute leur longueur, et couchés à l'ordinaire sur les tables, mais avec le corps flasque, mollasse et sans mouvement apparent : on ne leur voit des signes de vie qu'au mouvement intérieur de systole et diastole qui se fait dans l'artère dorsale et dont on s'aperçoit à travers la peau en y regardant de près. Ce mouvement est aussi vif qu'en état de santé, ce qui leur est commun avec la maladie des *passis*.

« La dissection que j'ai faite de quelques-uns de ces vers pris au hasard, avant ou après leur entière mort, m'a amené à constater que ceux encore vivants ne se contractent pas plus que dans leur état d'entière mort : leur corps ne rapetisse pas du tout comme dans ceux qui sont bien vivants.

« Le boyau relâché était plus que de coutume farci de mangeaille surtout dans la partie supérieure, qu'on peut appeler l'estomac, ce qui leur faisait paraître la tête enflée. Ils avaient leur crottin au derrière, et leur lymphe d'un beau jaune transparent était telle que dans les vers les plus sains. Il m'a semblé enfin qu'il n'y avait d'autre vice dans leur constitution qu'un entier relâchement dans la membrane de leur estomac.

« Les morts blancs dont l'estomac est moins plein, sont ceux qui vivent plus longtemps, et qui à la montée, grimpent comme les autres à la bruyère, où ils ont de quoi filer. Quelques uns même se mettent à l'ouvrage, mais font un mauvais cocon, dans lequel ils meurent à la peine.

« Ceux qui manquent de force se pendent aux rameaux accrochés par une patte, le corps plié en deux, la tête et la queue pendantes. Ces pondus vivent cependant quelque temps, mais après leur mort ils se convertissent en une espèce de bouillie ou de pourriture noirâtre, qui n'a aucune sorte d'odeur.

« Les vers qui meurent après avoir filé donnent la dénomination de *fondus* aux cocons qui ont servi à les ensevelir. Ces cocons salis de taches brunes de la pourriture qu'ils contiennent, communiquent leurs taches aux autres cocons qui les touchent (*cocons tachés ou rouillés*). Ceux parmi ces vers, qui n'ont point filé, et dont les cadavres sont sur les tables ou sur les rameaux, sont appelé *capelans :* ils salissent les mains et les habits des dérameurs. »

Voici, toujours d'après Boissier, quelles en sont les causes :

« La singularité que présentent après leur mort les vers qui meurent de cette maladie, celle de mourir à ventre plein, inspirent l'idée qu'ils meurent par suite d'une indigestion consécutive d'un relâchement des parois du boyau intestinal. Mais comme ce relâchement implique l'intervention d'une cause préalable qui le provoque précédemment à la suspension de la fonction gastrique, Boissier incline à croire que ce relâchement n'est que la conséquence du relâchement de la peau occasionné par l'exposition des vers à l'humidité d'un temps pluvieux, ou à celle du vent du sud, ou enfin à l'humidité et à l'impureté d'un air stagnant qui aurait longtemps subsisté dans l'atelier.

Comme expédients prophylactiques pour prévenir ou pour atténuer le danger inhérent de cette maladie, Boissier conseille aux magnaniers de garantir leur petit bétail dans les temps pluvieux, et de l'air qui souffle du côté du sud, et pour cet effet à boucher portes et fenêtres qui donnent du côté de ce point cardinal. De plus, il prescrit aussi de dessécher l'air au moyen du feu de flamme, toujours appliqué avec les précautions voulues et qui consistent à ouvrir l'issue à l'air du côté opposé à la direction du vent, dont on veut se préserver.

A l'appui de sa manière d'apprécier le désordre organique, dont la flacherie est le dernier résultat, Boissier se livre à quelques réflexions théoriques à l'égard des effets de l'humidité sur les vers à soie. L'importance qu'accorde notre auteur à l'humidité de l'air de la magnanerie, comme cause morbide, soit qu'elle provienne du dehors, ou qu'elle se dégage de la transpiration de l'insecte et de la feuille dont on le nourrit, m'autorise en quelque sorte à déroger de mon parti pris, de ne reproduire de l'ouvrage de Boissier que ce qui se rapporte essentiellement à la pratique séricole. Ces réflexions, les voici reproduites textuellement :

« Je fis voir, il y a bien des années, dans un mémoire, que la mouillure sensible, ou que l'eau à l'état liquide ne nuisait point aux vers à soie. Elle ne pénètre point leur peau, n'agissant que sur la surface. Lorsque l'eau est fraiche, c'est un bain dont les bons effets sont assez constatés. Il n'en est pas de même de la mouillure de vapeur, ou de l'humidité proprement dite. L'eau à l'état de vapeur est un amas de molécules aqueuses tenues en dissolution par l'air, ou flottantes dans l'espace en raison de leur légèreté spécifique. Ces molécules peuvent s'insinuer dans les pores de la peau et la relacher pour peu qu'elles soient aidées par la chaleur, qui en ouvrant les pores facilite leur introduction.

« Ces deux conditions, l'humidité et la chaleur se rencontrent souvent dans le vent du sud, dit le vent *marin*. Si ce vent ne souffle pas, la chaleur seule de l'atelier suffirait pour faire absorber par la peau du ver, l'humidité qui y régnerait, et qui n'aurait point d'échappement.

« Lorsque le relachement de la peau est de

courte durée, les fibres de nos insectes ne perdent point la faculté de se rétablir ; ainsi une
courte humidité ne nuit que peu ou point aux
vers à soie, tandis qu'une plus longue est souvent sans remède.

« Du reste, ce relâchement est d'une plus
grande conséquence pour le ver à soie que pour
les autres animaux. Ce ver ne se porte bien
qu'autant qu'il a la peau dans un état de contraction. On peut s'assurer de ça au dernier âge
où les vers qui jouissent d'une bonne santé se
durcissent sous la main qui les presse ou qui ne
fait simplement que les toucher. Cette tension
continuelle si nécessaire aux fonctions vitales
de cet animal sert très-certainement à accélérer
l'expulsion des excréments grossiers, et à faciliter la sortie de la gomme qui se convertit en
fil de soie.

« Ces fonctions sont troublées, ou presque
arrêtées dans les temps humides ou pluvieux,
qui relachent les fibres de la peau des vers à
soie, au point de les faire tomber dans l'abat-
tement et dans une langueur mortelle. Telle est
la condition des vers malades de la maladie des
morts blancs, et par laquelle on voit se fondre
quelquefois une bonne partie de nos chambrées.

« Il y a encore à tenir compte d'un autre effet que produit l'air humide, je veux dire la suppression de la transpiration cutanée, suppression qui nuisible en général à tous les animaux,
l'est davantage pour les vers à soie, attendu que
se nourrissant d'un aliment qui contient beaucoup d'eau, ce n'est que par la transpiration
qu'elle peut s'éliminer. Le ver bien portant ne
fait qu'un excrément dur et sec. Tous les sucs
de la feuille doivent donc passer par les exha-
lants de la peau, et si la transpiration est arrêtée ces sucs restent donc à la charge de l'organisme, qui en subit les conséquences. Si en intervertissant leur direction ces sucs se rendent au

canal des intestins, la diarrhée en sera la suite,
et la diarrhée dans le ver à soie est une maladie
mortelle, ou ils se répandront par tout le corps,
et certes ils pourront donner lieu à des maladies
plus ou moins graves. La maladie des gras
(*grasserie*) en est une, et la flacherie pourrait
bien en être une autre par suite du relâchement
de la membrane intestinale (6).

(6) La suppression instantanée et plus ou moins pro
longée de la transpiration de la peau peut produire le re
lâchement de la membrane stomacale, ainsi que Boissier
le présume et avec raison. Celle-ci n'est pas cependant la
seule cause, à mon avis, du relâchement dont il s'agit, qui
peut être provoqué aussi d'une manière plus directe, je
veux dire par la qualité et la quantité de la feuille ingérée
par le ver à soie dans ses derniers moments d'existence à
l'état de chenille.

Par sa qualité la feuille peut être indigestible, et par sa
permanence dans la poche stomacale, y fermenter de toute
autre manière que de la fermentation digestive. Cela arrive
d'autant plus probablement, si avant d'être ingurgitée elle
a déjà subi une première atteinte de fermentation putride :
cette circonstance se présente beaucoup plus fréquem
ment qu'on ne le croit.

La feuille en voie de fermentation putride, quoique pas
encore assez sensiblement avancée pour être écartée par
l'éleveur et refusée par le ver, une fois dans la poche sto
macale suit ses phases, avec développement successif de
tous les différents produits gazeux, liquides et solides par
lesquels passe la matière organique qui a cessé de vivre,
avant de se résoudre complètement dans ses éléments
constitutifs. Ces produits plus malfaisants les uns que les
autres et particulièrement les gazeux et les solides ou pour
mieux dire, les figurés, représentent autant de causes de
la flacherie, qui peut être apoplectique par l'action des
gaz délétères, et plus ou moins prolongée par suite de l'in
fluence catalytique des corps figurés, ou en d'autres ter
mes par les ferments. Ce serait commettre une erreur très-
grave que de ne tenir compte dans la fermentation putride
que des ferments, comme si la matière organique, en se
décomposant ne produisait pas d'autres corps non moins nui
sibles que les ferments mêmes. Qu'on le veuille ou non les
papillons qui présentent à l'autopsie après leur mort natu
relle des ferments, ce ne sont, certes, pas les ferments qui
les ont tués, et ces ferments ne sont pas non plus la cause
de la flacherie, lorsque les vers qui meurent de cette mala
die n'en présentent point à la dissection de leurs cadavres.

Malgré la dose d'ingéniosité qu'on a dépensée à instituer
des expériences tendant à démontrer que flacherie, et pré
sence d'organismes dans le canal intestinal sont deux ter
mes corrélatifs, ces expériences dis-je, n'ont abouti qu'à
mettre en relief l'action toxique des ferments, et pas autre

choso. Dans le fait de l'indigestion occasionnée par la qualité de la feuille, et particulièrement de la feuille en voie de fermentation putride les deux termes vraiment corrélatifs sont représentés par le travail chimique de la décomposition de la feuille, et les produits qui en émergent comme des effets inséparables avec la fermentation. C'est la loi : un corps ne se décompose qu'en produisant d'autres corps. « *Destructio unius est reproductio alterius* » et parmi ces corps issus du travail chimique de la décomposition, il y en a de plus ou moins persistants qui peuvent être considérés, comme des menstrues — je le redis à dessein — agissant par leur propriété catalytique pour entretenir ou provoquer même le travail fermentatif.

Cet aperçu théorique à l'égard de ce qui se passe dans le sens dessus dessous d'une matière organique qui se décompose, en se désagrégeant dans ses éléments constitutifs, quoique dépourvu du prestige de la nouveauté, malgré les efforts que d'aucuns font pour le remplacer, il est à croire qu'on n'y parviendra pas, de sitôt, à moins qu'on ne s'y prenne d'une manière plus convaincante.

D'ailleurs la question qui s'agite parmi les savants, au sujet de la corrélation que les uns prétendent exister entre les ferments et la flacherie, et les autres qui s'inscrivent en faux contre cette opinion, au nom de leurs multiples expériences qui démontrent le contraire, cette question dis-je, n'intéresse que fort médiocrement l'éleveur, celui-ci n'ayant d'autres indications à remplir que de réussir dans ses éducations pour s'abriter de l'hérédilariété — que Boissier par parenthèse, n'admettait pas — et de ne nourrir ses vers, qu'avec de la feuille fraîche autant que possible.

Le relâchement des parois intestinales et particulièrement celles de la poche stomacale peut être occasionné par une énorme quantité de feuille amassée dans cette cavité. Si cette quantité de feuille force les parois de l'organe à s'étendre plus que leur contractilité peut s'y prêter et de les tenir dans cet état de tension un certain laps de temps, il leur en arrivera comme à toute membrane élastique de perdre la propriété de se contracter pour remuer à son état ordinaire. Ces parois ne conserveront tout au plus que la force de comprimer la feuille et la tasser encore davantage, mais perdront leur énergie mécanique, à l'aide de laquelle elles agissent sur les aliments pour les remuer, tout en les arrosant de sucs gastriques et remplacer, si je puis m'exprimer ainsi, l'agitateur et la burette du chimiste. Ce n'est pas d'un relâchement à proprement parler dont il s'agit, mais d'une action mécanique pervertie et d'une suppression de menstrues digestifs. La feuille, placée dans ces conditions, comment pourrait-elle se digérer, et ne se digérant pas ne pas occasionner une indigestion et surtout comment pourrait-elle fermenter ? L'indigestion par quantité d'aliments est toujours suivie dans tous les animaux d'inconvénients plus ou moins graves, au point que bon nombre en succombent. Si cela arrive à tous les animaux, pourquoi n'en arriverait-il pas autant à l'insecte peut-être l'animal le plus vorace qu'on connaisse ? Et si, parmi ces insectes, il y en a qui meurent par suite de cette forme d'indigestion, à l'autopsie pourquoi ne lui trouverait-on pas l'estomac farci de mangeaille encore indigérée, et par contre ne constaterait on pas l'absence absolue de tous ferments?

Comme on voit, la flacherie ne manque point de causes auxquelles on puisse l'attribuer. L'éleveur, pourvu qu'il les ait toujours présentes à l'esprit pourra presque toutes les prévenir. Il évitera la suppression de la transpiration par le moyen de l'élévation de la température, la touffe humide par le jeu bien compris des soupiraux, la fermentation de la feuille, en n'en donnant aux vers que de la fraîchement cueillie, et l'entassement de cette feuille dans l'estomac par la dose qu'il doit en administrer, et qui doit être en corrélation avec la température du local. En s'appercevant des symptômes prodromes de la flacherie (sous la foi du professeur Mercolini) je recommanderais à l'éleveur (quelle que soit la cause que l'on peut présumer) de transporter les vers malades dans un local où l'on puisse élever la température à 34 ou 36°, et de les y tenir jusqu'à la reprise de leur appétit, qui est l'indice le moins faillible du recouvrement de la santé. — G. L.

------

§ 3

VERS GRAS ET VERS JAUNES (GRAS, GROS, PORCS, VACHES, JAUNES)

« Ces deux maladies, qu'on appelle aujourd'hui *grasserie* et *jaunisse* ne diffèrent entre elles qu'accidentellement, présentant les mêmes symptômes, les mêmes effets et des causes pareilles. Il n'y a dans les vers qui en sont atteints que la couleur de la peau qui est jaune dans les *gras du dernier âge*, tout le reste est aussi propre aux vers de cet âge, comme à ceux du premier (7).

(7) Quelques sériculteurs plus minutieux que Boissier, tenant compte de la particularité que présentent ces deux maladies, c'est-à-dire d'apparaître la *grasserie* aux premiers âges, la *jaunisse* aux derniers, inclinent à les envisager diverses, malgré les rapports de ressemblance qu'elles peuvent avoir pour le reste. Heureusement cette différence d'appréciation n'a aucune portée pratique, du moment que ces maladies reconnaissent les mêmes causes. — G. L

« *Symptomatologie*. Dans l'une et dans l'autre c'est une bouffisure dans tout le corps, bouffissure cependant qui n'engourdit pas la chenille, qui semble, au contraire, avoir plus de vivacité, et plus d'envie de se mouvoir que n'en montrent les vers bien portants : cette envie de se mouvoir n'est probablement que l'effet du mal qui la presse.

« Les vers gras, ainsi que les vers jaunes dédaignent la nourriture et courent sur toute la claie, en abandonnant même la litière et laissant partout les traces de la sanie qui suinte de leur peau. Ils rapetissent d'autant par cette évacuation, qui les rend sales et dégoûtants, d'où la dénomination de *porcs* qu'on leur a donnée.

« Cette maladie, la grasserie, se déclare plus communément au troisième âge, au moment de la seconde mue. Les vers qui en sont atteints refusent de s'aliter avec les autres pour muer. Ils continuent même de manger, tandis que les vers sains du même âge perdent l'appétit. Ils grossissent aussi davantage, ou plutôt ils s'enflent : leur peau devient luisante par la tension, comme dans ceux qui s'apprêtent à muer, mais il y a cette différence que le corps des vers bien portant a acquis un peu de demi-transparence s'étant vidés, et que les gras se maintiennent opaques, et de couleur verdâtre à cause de la mangeaille entassée dans leur poche stomacale. Ils cessent cependant de manger ; leur peau prend une teinte blafarde : ils transpirent abondamment une matière gluante, qui salit les autres vers sur le corps desquels ils passent. Leur corps se rapetissent, et les gros périssent enfin deux ou trois jours peu après la mue des autres.

« La jaunisse arrive sur la fin de l'un des âges, et immédiatement avant une mue, que les vers franchissent, sans cependant pouvoir l'accomplir, et mourant après quelques jours de la même mue. Les gros, une fois déclarés tels ne muent plus, et ceux qui sont devenus jaunes — qui sont les gras du dernier âge — ne filent point de cocon, et ne jettent pas la moindre bave.

« Quoique la peau des vers malades ne soit pas absolument relâchée, elle ne laisse pas apercevoir aucun mouvement systolique sur l'artère dorsale, comme si le liquide, que cette artère charrie, était arrêté par la compression de la pléthore humorale qui constitue la condition pathologique de ces maladies, qu'on doit envisager comme une sorte d'*anasarque* ou d'*hydropisie d'humeurs croupissantes.*

« A force d'enfler, les pattes des vers gras, se cachent dans la peau, et vers la fin de leur existence la lymphe, qui leur tient lieu de sang cesse de circuler, ou se ralentit beaucoup. Cette lymphe, qui dans le ver sain est claire et limpide, dans les vers malades devient trouble et de mauvais aspect. »

Causes. D'après notre auteur cette maladie prend son origine : 1° dans la couvée ; 2° dans la qualité de la feuille ; 3° dans une certaine température de l'air, lorsque le ver tire à la fin de son dernier âge.

Cet habile sériculteur dit avoir observé que les vers à soie, issus d'une couvée spontanée, sont plus constamment attaqués en grand nombre de la maladie des gras, plus particulièrement si les graines ont été trop chaudement hivernées. J'ai toujours vu suivre — ajoute-t-il — ces sortes de couvées spontanées ou quasi spontanées de la maladie des gras.

Boissier dit aussi avoir remarqué bien des fois que les vers éclos à la chaleur animale ne présentaient pas autant de gras qu'en présentent les couvées spontanées, mais qu'ils en présentaient plus que ceux éclos à la chaleur d'une étuve, ou du feu d'environ 20 degrés du thermomètre R. qui n'avaient presque pas de gras. D'autres ob-

servations l'ont amené à établir : que si l'on
fait couver à la chaleur animale, il est indispensable d'ouvrir les nouets de temps à autre pour
en faire évaporer toute l'humidité provenant de
la température de la personne qui sert de source
de chaleur, humidité qui ne peut moins faire
que de se fixer sur la graine, et qu'il faut éliminer pour se garantir de la grasserie.

Boissier n'a jamais vu régner cette maladie
parmi lers vers dont les magnauiers remuaient
à toute heure la graine, et qu'il n'en a jamais vus
non plus dans les couvées faites dans sa magnanerie à feu ouvert et à graine éparpillée. Et
enfin qu'il a vu plus ou moins de gras à proportion du plus ou moins de soin qu'on a dû
d'ouvrir le nouet, et d'en remuer la graine y
contenue.

De toutes ces observations de l'auteur résulte que pour éviter la maladie des gras, il est
nécessaire de tenir les graines en incubation à
une température artificielle obtenue par le feu
d'une étuve, ou d'une cheminée ouverte, en les
remuant même de temps en temps, ou mieux
encore en les étendant en une couche très-
mince, et bien les garantissant de toute cause
d'humidité.

Parmi les causes de la grasserie, Boissier
signale le froid qu'endurent les vers pendant
leur jeunesse, et comme preuve de la justesse de
cette opinion il cite des observations qu'il a eu
l'occasion de faire, particulièrement en 1756, année pendant laquelle cette maladie régna plus que
de coutume—et circonstance à noter—le froid
se fit sentir vivement au commencement des
éducations. Il prévient cependant qu'on pourrait
se faire illusion à cet égard, car cette même année, la fin de l'hiver au début du printemps fût
plus chaud que d'ordinaire, et par conséquent
la graine fut mal hivernée, ce qui doit avoir in-
flué à la production des gras. On pourrait donc

prendre le change et mettre sur le compte du froid, ce qui réellement est occasionné par la précédente élévation de température, lorsque la graine commençait à s'émotionner.

Boissier a remarqué en outre que les vers à soie dont l'éducation ne traîne pas, et qui cessent de manger pour faire leur cocon, au moment où la feuille cesse de croître, réussissent mieux communément que ceux qui vivent à l'état de larve plus longtemps et sont obligés conséquemment de se nourrir de feuille devenue coriace. C'est cette observation qui l'a amené à envisager la feuille trop dure comme une cause de la grasserie, étant convaincu par contre que la feuille jaunie par le froid, et celle des tendrons sont tout à fait inoffensives. Il conclue que bien loin d'être malfaisante, la feuille tendre au contraire garantit le ver de la grasserie.

Une troisième cause, dit Boissier, est la température de l'atmosphère chargée d'humidité. La jaunisse, ou autrement la grasserie des derniers âges est très-rare par un vent frais de nord-est dans un temps serein, et lorsque les vers à soie n'ont qu'une chaleur sèche — telle est surtout celle du feu, — qui sans contredit est le meilleur remède qu'on puisse opposer à tout ce qui arrête la transpiration des vers et en particulier à l'humidité du temps pluvieux ; temps où la grasserie ou la jaunisse augmentent si elles existent déjà, ou elles font leur apparition dans les chambrées saines.

Il s'agit donc de faire du feu pour se préserver de ces maladies; mais comme dans toutes les circonstances, avec toutes les précautions voulues, c'est-à-dire que la disposition du local se prête à donner issue aux vapeurs humides, que l'élévation de la température force à monter au plafond, où il ne faut pas qu'elle s'arrête longtemps, dans la crainte que la température venant à baisser, ces vapeurs se rabattent sur les vers, et leur suppriment de rechef la transpiration cutanée qu'il faut chercher à entretenir sous peine de courir de graves dangers.

Les expériences électriques et les éducations de nos insectes réussissent d'ordinaire bien par un temps frais. Or, dans des conditions contraires le feu est un bon moyen pour ranimer l'électricité, et c'est en même temps ce qu'il y a de mieux et de plus simple à mettre en usage pour prévenir à temps, dans un atelier tous les accidents qui sont la suite d'un air stagnant, humide, orageux, rempli de vapeurs chaudes soient animales ou végétales, qui s'emparent du fluide électrique en l'absorbant, et probablement en absorbant aussi une grande quantité d'oxygène au détriment de l'insecte.

La température¹ sèche, la plus favorable pour les éducations, est celle en même temps où elle est plus électrique et où les expériences de l'électricité réussissent mieux. Boissier part de cet énoncé pour dire que l'électricité semble avoir des rapports bien marqués avec les états de santé et de maladie des vers à soie, de telle sorte, que tout ce qui arrive, ou qui disperse l'électricité, jette dans la langueur l'insecte. Et au contraire, ce qui met en jeu ce fluide contribue à les rendre sains et vigoureux. C'est ce qu'on peut remarquer par l'expérience journalière.

Les vers sont languissants dans les temps couverts, pluvieux et brouillardeux pendant les orages, et les chaleurs étouffantes de l'été, et c'est précisément dans les mêmes circonstances que l'électricité est très-faible ou nulle, et que les corps électriques par eux-mêmes ou par communication ne donnent que peu ou point d'étincelles. Les chats en font foi.   BOISSIER.

---

§ 4.

MUSCARDINE

« Cette maladie avant de se déclarer, est précédée par l'apparition d'une teinte tannée

ou blafarde de la peau : les vers sont languissants et sans appétit. A cette époque la maladie
est encore curable ; mais tout devient inutile
lorsque le mal a fait certains progrès qui consistent dans la manifestation de points noirs
répandus sur la peau du ver, ou dans des taches
livides et noirâtres au sommet de la tête, à la
naissance des fausses pattes, autour des stigmates et au bout de l'éperon.

« Ces taches sont suivies tantôt d'une teinte
de jaune d'ocre, tantôt d'un rougeâtre tirant sur
le canelle, ce qui a fait nommer *cannelas* les
cadavres de ces vers, car quand ils sont cannelas, on peut les considérer comme morts.
Leur corps au lieu de pourrir comme dans la
grasserie et dans la jaunisse commence à durcir : les humeurs se figent et se dessèchent peu
à peu. Une fois le corps desséché, il commence
insensiblement à se couvrir d'une sorte de moi-
sissure cotonneuse ou farineuse d'un blanc d e
neige. Les vers qui meurent de cette maladie
retiennent l'attitude qu'ils ont en mourant, ce
sont de vraies momies comme pétrifiées et
qu'on pourrait conserver. »

Les vers les plus malades périssent ou dans
la litière, ou acccrochés par une patte aux rameaux. D'autres ne meurent qu'après avoir filé
le cocon, dans lequel ils se dessèchent. Les
cocons sont beaucoup plus légers que les autres, ce qui fait qu'on les vend plus cher. Tandis
que la *jaunisse* a eu l'honneur d'être chantée
par l'émule de Virgile, l'évèque et poète Marc-
Jérôme Vida, dans son inimitable poème *de
Bombyce*, aucun écrivain n'a parlé de la *muscardine* avant Boissier, ce qui prouverait que la
seconde de ces maladies est relativement d'o-
rigine plus récente que la première. A l'apparition de cette maladie en France, et même longtemps après, les magnaniers ne pouvant en
connaître la cause, ont fait comme les viticul-

teurs à l'occasion du phylloxéra. Ils s'empres-
sèrent d'en chercher la provenance et crurent
la trouver dans un envoi de graine expédiée du
Piémont, comme si une maladie ne put se déclarer aussi bien en France que partout ailleurs,
et que nous eussions toujours la mauvaise
chance d'être redevables à l'étranger de tous
les malheurs agricoles et autres qui nous ac-
cablent.

Boissier ne partagea pas cet avis. Il y a plus
d'apparence dit-il, que cette maladie a pris
chez nous, comme ailleurs, son origine dans la
différence qu'on a mise en dernier lieu dans la
méthode d'éducation. « Il y a 140 ou 150 ans
on n'avait que peu de mûriers, et l'on faisait de
petites éducations dans de grandes pièces. Les
mûriers se sont très-multipliés aujourd'hui. On
fait en conséquence de grandes éducations dans
des locaux trop petits en proportion. A la montée on met des tables de vers jusqu'au toit ou
au plafond. Fait-il froid ? on fait du feu et on
bouche portes et fenêtres, et toute communication avec l'air extérieur. On ne laisse à l'air
échauffé et aux vapeurs qui s'élèvent de la litière une issue quelconque. De cette façon on a
des muscardins, et — ce qui est à remarquer
— on en a davantage aux plus hautes tables.
Voilà un moyen infaillible de créer, pour ainsi
dire, cette maladie. C'est du moins de cette façon
que je l'ai toujours vu arriver. »

Donc : locaux d'une exiguité dispropor-
tionnée à la quantité de graines qu'on y cultive ;
manque d'ouvertures en haut de la pièce où
s'entassent plus de vers que la capacité de cette
pièce ne le comporte, pour favoriser la circulation de l'air, et la sortie des vapeurs chaudes
et humides, tables ou claies placées trop près
d'un plafond dépourvu de trappes ou de soupiraux, ou d'un toit qui n'est pas à claire-voie
— température trop élevée ; voilà selon Bois-

sier, une des causes plus fréquentes des touffes,
et partant de la muscardine.

Boissier appuie son opinion, qu'il ne donne
cependant que comme une conjecture, par des
observations qui incontestablement la corrobo-
rent. Dans quelques ateliers renommés des
Cévennes on n'éprouve jamais, quelque temps
qu'il fasse, les effets des touffes, ni la muscardine, et cet exemple donne le droit d'attribuer à l'usage de ne mettre que quatre rangs de
tables l'une sur l'autre, où il pourrait en tenir
la moitié plus, et en outre, en bouchant tout
par les côtés, et faisant plus ou moins de feu selon que le plancher est plus ou moins haut et
percé.

Notre auteur a observé aussi que la muscardine est inconnue dans certaines provinces
italiennes, particulièrement aux alentours de
Bologne, de Florence, de Naples. C'est que dans
ces pays on n'y faisait que des petites éducations (ce qui a bien changé depuis lors), et
qu'on n'y faisait d'autre feu que le feu inter-
rompu nécessaire pour le ménage. Outre cela
on ne superposait que deux ou trois tables
l'une sur l'autre et qu'avec des rameaux — au
moment de la montée — on ramenait les vers
qui s'en étaient déjà emparés, pour les déposer
dans quelques coins ras terre où les vers filaient
leurs cocons.

La muscardine peut être considérée comme
presqu'une maladie artificielle, qui s'est mani-
festée dès que la sériculture a pris son élan
pour s'étendre et devenir une véritable industrie sur plus grande échelle. Un logement peu
convenable, l'inexpérience et l'étourderie de
l'éleveur peuvent l'occasionner, tandis qu'un
éleveur habile, et un logement convenablement
disposé et agencé peuvent toujours la prévenir.
La muscardine suit subitement l'actualité des
causes que je viens d'indiquer, et subitement

elle se répand. Les vers tombent malades d'une touffe et meurent dans deux ou trois jours après, plus tôt ou plus tard selon l'intensité et la durée de la touffe. Cette maladie n'est pas comme d'autres maladies, dont la cause est lointaine, c'est-à-dire que les vers contractent pendant l'incubation, ou à l'éclosion, ou au premier âge une prédisposition à devenir malades d'une manière ou d'une autre selon la nature et l'intensité des causes morbides qui peuvent se présenter tout au long de l'existence du ver à l'état de larve, et selon le moment où ces causes exercent leur malfaisante influence.

Les contemporains de Boissier, à l'instar de certains sériculteurs nos contemporains à nous, prenaient l'épidémie ou rien que la fréquence de la muscardine pour de la contagion. Les observations et les expériences faites par Boissier pour résoudre cette question l'ont convaincu que cette maladie ne se propage ni par la graine, ni par la magnanerie, ni de toute autre façon. A l'appui de son dire il cite un fait que nous tous nous avons eu l'occasion d'observer à l'égard de la pébrine et de la flacherie. Co fait consiste à faire cultiver la même graine soupçonnée contagieuse par deux magnaniers différents. Il y a 20 exemples, dit Boissier, — et nous pouvons en dire autant — que ces deux magnaniers réussiront plus ou moins bien ou plus ou moins mal, selon le degré respectif de leur capacité : l'un n'aura point de muscardins, — et je puis ajouter ni de morts flats, ni de gattinés ou de pébrineux ; — les claies de l'autre en fourmilleront. Voilà pour la graine.

A l'égard des meubles, considérés comme transmetteurs de la contagion muscardinique d'une année à l'autre, Boissier raconte avoir connu des ateliers décriés pour cette maladie ou elle avait persévéré pendant plusieurs années de suite. On avait lavé, ou même renouvelé les

meubles, blanchi les murs et changé la graine ;
mais comme on suivait toujours les errements
ordinaires, on n'en était pas plus avancé. Il
survint un autre magnanier qui rompit le
charme et conjura, comme par enchantement
la maladie, et cela au point de ne plus avoir de
muscardins. C'est un secret que ce magnanier
possédait, et ce secret consistait à ne pas multiplier le nombre de tables les unes sur les autres et à faire du feu proportionnellement à la
hauteur du plafond qu'il avait soin de faire percer, lorsqu'il était trop bas.

Mais, pour revenir aux causes de la muscardine, il me reste encore à faire connaître l'opinion
de Boissier, au sujet de la perturbation atmosphérique de l'air contenu dans le local de la
chambrée qu'on appelle en langage séricole
Touffe, et qui consiste dans un excès de chaleur
étouffée ou renfermée, qui survient dans les magnaneries au dernier âge du ver dont elle est le
fléau plus ordinaire. Pour peu qu'elle dure, elle
fait tout périr, et même dans le cas qu'on soit
assez heureux d'y porter remède aussi tôt qu'elle
se déclare, les vers s'en ressentent plus ou
moins. Ainsi qu'il a été dit à l'article *maladie des
passis*, la touffe peut être sèche, et c'est celle-ci
qui au premier âge des vers les atteint en les
rendant malades de la susdite maladie. Mais la
touffe des derniers âges, celle qui nous occupe
maintenant, est une *touffe humide*, contenant,
selon quelque apparence, non-seulement une
chaleur renfermée, mais aussi des exhalaisons
qui peuvent s'élever du dehors, comme du dedans de la magnanerie surtout, d'une litière épais-
sie très-disposée à l'effervescence et à la pourriture. L'éleveur s'apercevra de l'existence de la
touffe, lorsqu'en entrant dans la chambrée il
sera saisi par une odeur de renfermé, et par une
petite gêne dans la respiration.

La touffe produit divers effets sur les vers

selon sa durée, son intensité et d'autres circonstances qui peuvent s'y joindre. Les vers ne
sont quelquefois que maladifs, languissants sans
appétit et de couleur tannée ou blafarde. C'est
ainsi que je l'ai dit au commencement, le début
de la maladie de la muscardine.

Le feu, sagement administré, est le meilleur
remède à opposer à la touffe et à la muscardine,
quelque chaleur qu'il fasse au dehors, pourvu
que l'air, la chaleur, l'humidité trouvent en
haut une ouverture d'où ils puissent sortir,
et que les tables soient placées à une certaine
distance du plafond.

Dans des conditions différentes, le feu produira la touffe qui a son tour occasionnera la
muscardine. Il ne faudrait pas croire que pour
donner de l'air à la magnanerie, il suffise d'ouvrir la porte et de la laisser ouverte. Il s'agit
d'établir un courant d'air, ce qu'on ne pourrait
obtenir sans qu'en face de cette porte, et ras le
plafond il y ait une issue à l'air pour s'échapper,
et avec lui, emporter les vapeurs humides et la
chaleur corrompue. On devra prendre toutes
ces précautions lorsque les touffes proviennent
du dehors.

Dans de pareilles occasions, mais lorsque
les symptômes sont par trop alarmants, on prévient les effets de la touffe par un repas de
feuilles fraîches donnés de bonne heure, et en
transportant — si c'est faisable— les vers menacés dans une pièce plus fraîche.

Mais lorsqu'on s'est aperçu trop tard du
mal, et qu'il a fait des progrès, il résiste à tout
ce qu'on lui oppose, la mauvaise couleur de la
peau persiste, l'appétit ne revient pas, rien ne
l'excite. Dans semblable conjoncture il ne faut
pas se désespérer et au contraire, il faut se faire
courage, et tenter le dernier remède qui a quelques fois réussi, et qui consiste à inonder
d'eau fraîche les tables et les vers, ou bien en

trempant ces derniers par poignée — lorsqu'il y en aurait peu—dans des baquets d'eau froide, et en les y laissant quelques instants.

Les vers à soie pourraient sans risque demeurer dans l'eau un demi-quart d'heure. Prudence veut cependant de ne pas les y laisser trop longtemps. C'est plutôt une immersion qu'un bain qu'il convient leur appliquer pour les remettre immédiatement sur la claie, balayée de sa litière, faire du feu pour les dessécher et pour les exciter. Ce remède *in articulo mortis* produit bien souvent d'excellents effets.

Les touffes peuvent arriver la nuit comme le jour. Le magnanier doit donc se tenir en garde toujours à cette étape de l'éducation de son petit bétail, pour prévenir tous les accidents qui peuvent survenir, ou pour y remédier. Lorsqu'il a fait des touffes dans la journée par un temps chaud et orageux, on doit soupçonner qu'il en arrivera de même la nuit d'après, et dans ce cas le magnanier devra avant que de se livrer au sommeil donner à ces vers un repas de feuilles fraîches, arroser le carreau de la chambrée, et laisser la porte et une fenêtre ouverte, avec peu de feu jusqu'au réveil.

Le feu si propre à dissiper les touffes est encore un bon préservatif pour garantir d'autres maladies qui surviennent par un temps couvert et pluvieux, ou lorsqu'un vent humide tel que le vent du sud souffle pendant quelques jours. Il faudra aussi, dans cette circonstance ne donner aux vers que de la feuille d'où l'on a fait évaporer l'eau de la pluie. L'humidité seule de l'air indépendamment de la mouillure de la feuille, peut causer des accidents notables, et même deux maladies, la muscardine et la flacherie. (8)

---

(8) Telle est, en résumé, la théorie professée par Bois sier à l'égard des causes probables qui provoquent la muscardine, des symptômes qui la caractérisent et des moyens les plus rationnels dont il faut se servir pour s'en préser-

ver. Beaucoup plus fréquente avant et pendant que Boissier s'en occupa, cette maladie n'apparaît plus à notre époque que de loin en loin dans quelques magnaneries confiées à la direction d'éleveurs, qui probablement, par leur incurie ou par leur inexpérience, mériteraient, de l'avis de Boissier, d'en être rendus responsables.

Non contagieuse, d'après les observations et les expériences rectificatives de notre auteur, la muscardine, on dirait qu'elle est devenue, à la suite de la découverte de la cryptogame faite par Ugo Bassi, et plus tard par l'intervention dans la sériculture de la doctrine panspermiste des infiniments petits. Quoiqu'il en soit, elle est entrée, il y a longtemps, dans le giron des maladies sporadiques, ne figurant plus dans le total de nos éducations, que comme une cause insignifiante d'insuccès. D'ailleurs les spores de la *Botrytis Bassiana*, seraient elles contagieuses, que cela ne prouverait aucunement que la muscardine ne puisse s'engendrer spontanément par suite de causes occasionnelles, et sans le concours de germes provenant d'une cryptogame, qui n'apparaît que sur les cadavres muscardinés en voie de dessécher, la même peut-être, ou une analogue de celle qui se produit sur toutes les substances qui moisissent.

Prenant les choses, telles que les savants modernes nous les représentent, l'éleveur (ne serait-ce que pour tranquilliser sa conscience), pourra badigeonner à la chaux sa magnanerie, aigayer tout le mobilier dans de l'eau chlorée ou alcaline, tenir bien propre son atelier, pourvu que, prenant toutes ces précautions, il ne présume de s'être émancipé de la mise en pratique de toutes les prescriptions prophylactiques, que sous la dictée de Boissier, je viens d'énumérer. Qu'il se défie des germes spécifiques, il n'y a pas d'inconvénients; mais il y en aurait sans doute s'il croyait pouvoir se préserver de la muscardine, rien qu'en ne cultivant de la graine de provenance la plus recommandable et dans un local affranchi de toutes spores muscardiniques par les désinfectants et par les soins de propreté.   G. L.

CHAPITRE II

NOTIONS PRÉLIMINAIRES A LA COUVÉE.

« La couvée des œufs, dits vulgairement *graines de vers à soie* est, selon les maîtres de l'art, la partie la plus essentielle de l'éducation de ces insectes. Si la couvée ne réussit pas bien, quelque soin qu'on prenne de leur donner par

la suite ce qui leur convient, ou d'écarter ce qui
peut leur nuire, tout devient inutile. Ils périssent tôt ou tard, quoiqu'ils semblent jouir de la
santé la plus parfaite.

« C'est dans les couvées malentendues que
plusieurs maladies épidémiques prennent leur
origine, ou que les vers se forment un tempérament qui les rendent susceptibles.

« On ne saurait penser autrement, lorsqu'on
voit plus constamment réussir les vers à soie
couvés avec certaines attentions, et qui sont
gouvernés d'ailleurs selon les règles de l'art ;
tandis qu'en observant ces mêmes règles, il
périt une infinité de chambrées, dont les couvées ont été négligées ou faites au hasard (9).

(9) Je ne crois pas inutile de profiter de l'occasion pour
faire remarquer encore une fois au lecteur, que l'idée do-
minante dans la théorie étiologique de Boissier consiste à
envisager l'incubation comme une boîte de Pandore, dont
heureusement l'éleveur tient le couvercle.

Si, d'après Boissier, une couvée malentendue peut donner origine à plusieurs maladies, et faire périr tôt ou
tard des vers quoique jouissant en apparence de la santé
la plus parfaite, ne pourrait-on pas se demander, si par
hasard, les deux maladies, dont nous tenons la queue —
au moins il faut l'espérer, — ne seraient pas à mettre
sur le compte de quelques erreurs hygiéniques commises,
et qu'on persisterait à commettre, au moment de l'incubation, ainsi qu'on serait tenté de le croire, pour peu qu'on
partage les convictions de Boissier? Je ne me dissimule
pas la réponse, mais si contradictoire qu'on puisse la for-
muler, il restera toujours à prouver que cette opinion est
inadmissible devant la raison, et qu'on a à sa disposition
une théorie plus rationnelle, et pratiquement plus avanta-
geuse.   G L.

« Pour donner quelque ordre à ce que j'ai
recueilli sur ce sujet, et ne laisser rien à désirer
sur la couvée des vers à soie, je la prendrai d'un
peu loin, en parlant d'abord de ce qui doit précéder dans les paragraphes suivants :

« 1° Le choix de la graine et ses différentes
qualités ;

« 2° Les précautions à prendre lorsqu'on la transporte d'un pays à un autre ;

« 3° Le renouvellement qu'on est dans l'usage d'en faire ;

« 4° La manière de l'hiverner ;

« 5° Les moyens d'en prolonger la durée, ou de l'empêcher d'éclore ;

« 6° Les apprêts qu'on y fait avant de la mettre couver ;

« 7° Le temps le plus convenable pour mettre couver ;

« 8° Les prétendues influences de la lune sur les couvées ;

« 9° La quantité de graine à mettre pour les couvées ;

« 10° Le rapport sur une quantité de graine donnée avec celle de la feuille de mûrier qui doit servir à l'éducation ;

11° Les moyens de faire sur les mûriers, l'estimation de la quantité de feuille qu'ils portent, ou qu'ils porteront (10).

(10) L'art séricole — au point de vue de l'instruction à donner au magnanier — à l'instar d'un cercle, n'a ni de commencement ni de fin proprement dits, *Circulo enim scripto principium non invenitur.* Toutes les phases de l'insecte se suivent, sans tracer une ligne de démarcation exacte entre elles, l'une exigeant toujours la connaissance de celle qui la précède. Boissier, en adoptant pour point de départ la mise en incubation de la graine pour ne s'arrêter qu'à la ponte, s'étant aperçu que cette ponte ne se soude pas avec la couvée, a été obligé de combler la lacune existant entre ces deux phases par une série de conseils et d'enseignements, tendant à mettre l'éleveur au courant de toutes les connaissances nécessaires à conserver la graine, si c'est lui-même qui la confectionne, et pour choisir la meilleure, s'il l'achète. De cette manière son ouvrage commence réellement de la déposition de la graine pour arriver à la fin à cette même phase, après avoir parcouru toutes celles par lesquelles passe l'insecte pendant son existence. Et en faisant ainsi il a satisfait à une des conditions les plus essentielles de l'art d'élever les vers à soie, celle de faire tout le possible pour ne mettre en incubation que de la bonne graine, et obéir aussi au dicton : *Bonne graine bonne récolte.*   G. L.

§ I.

DU CHOIX DE LA GRAINE ET DE SES DIFFÉRENTES QUALITÉS

« 1° La manière dont la ponte a été faite doit entrer pour beaucoup dans le choix de la graine. (La graine provenant d'une éducation réussie à souhait, peut être acceptée en toute confiance).

« 2° On ne devrait point faire de couvées considérables à moins d'avoir fait pondre soi-même la graine, ou être sûr de la fidélité et de l'intelligence de celui qui aurait pris ce soin.

« 3° La graine est ou saine ou gâtée, ou seulement altérée dans la qualité. Lorsqu'on est assez heureux pour ne rencontrer que de la bonne on préfère celle qui est d'un gris cendré, tirant sur une nuance de pourpre sale.

« 4° Il est très-facile de connaître à la couleur et surtout à la forme, la graine vierge ou stérile, c'est-à-dire qui est sortie de la papillonne sans toucher à la liqueur fécondante. Ces graines sont pondues couleur jonquille comme les fé-condées. Les graines stériles gardent leur couleur de naissance, tandis que les bonnes prennent dès leur déposition, successivement, diffé-rentes nuances, et passent par degrés du jonquille clair au foncé et du gris de lin au pourpre sale, ou au cendré plus ou moins foncé. Ce passage de couleur s'opère en cinq ou six jours, plus ou moins, selon que la saison est plus on moins chaude. Les œufs stériles, outre qu'ils gardent leur couleur, se dessèchent et la coque s'aplatit en quelques jours.

« La *graine morfondue* est celle dont le germe a péri. Lorsque cet accident arrive, parce qu'elle a été mise à une chaleur trop étouffée, elle est ou blanchâtre ou brune. Dans le premier cas elle est aplatie, et ne contient au dedans aucune humidité. Ni dans l'un ni dans l'autre cas, elle ne pétille pas sous l'ongle. Les dernières sont si légères qu'elles surnagent sur l'eau.

« Il existe encore dans le commerce, une autre espèce de graine dont le germe a péri. Elle a toutes ses apparences de la bonne graine, sauf à se présenter d'une couleur brune et en outre qu'en l'écrasant il en sort une humeur fluide et coulante, tandis que la bonne laisse couler un liquide glaireux et lié (11).

(11) Dans ce paragraphe où Boissier indique les données, à la lueur desquelles l'éleveur peut s'éclairer pour distinguer la graine bonne de la mauvaise, laisse croire qu'à son époque on n'était pas à la hauteur des connaissances acquises après lui, à ce sujet. C'est pourquoi je crois devoir sommairement signaler à mon tour les quelques procédés proposés par les sériculteurs contemporains, pour mieux se guider dans le choix de la graine. Pour cela faire je n'ai qu'à recourir à mon *Dictionnaire de séricologie*, où j'ai eu occasion d'étudier cette question. Voici ce que j'y trouve :

• On devra donner la préférence aux œufs provenant de papillons qui ont mis de l'empressement à s'accoupler, qui ont vécu au moins dix jours après la ponte, et qui ont rejeté par l'anus une eau d'un blanc-gris cristallin et non d'une couleur foncée tirant sur le noir.

« Pour s'assurer de la bonté de la graine, on a proposé d'en jeter une pincée dans l'eau bouillante. Si le germe est bien constitué elle prendra une belle teinte lilas foncée uniforme. Toute autre nuance gris-verdâtre ou légèrement jaune indique que la vitalité est éteinte.

« La bonne graine se distingue par sa couleur vive, égale, d'un gris cendré ou plutôt plombé ou ardoisé selon la couleur qu'aura le cocon blanche ou jaune. Pour être bon, il faudra que l'œuf soit plein, déprimé au centre, cassant, et plein d'une matière visqueuse, limpide, de couleur vive et transparente quand on l'écrase sous l'ongle.

« Miltiot reconnaît bonnes les graines qui arrivent à une teinte cendrée dans l'espace d'une semaine, en partant du jour de la ponte. Vittadini et M. de Plagniol disent que la coque des œufs sains doit avoir une ponctuation régulière, un réseau sans interruption, tandis que la graine malade est irrégulièrement réticulée, et plus ou moins couverte de taches obscures.

• Il faut en général se méfier d'une graine dans laquelle on reconnaît à simple vue des œufs rougeâtres, ou de couleur brique plus ou moins foncée. En fait de graines du Japon les cartons verts présentent un ton plus ou moins verdâtre, et ceux à race blanche une teinte gris-violette plus ou moins rosée. •

Tous ces moyens sont excellents, mais la méthode la moins incertaine, pour ne mettre en incubation que de la graine sur l'issue de laquelle l'éleveur puisse se baser pour en tirer un heureux augure, consiste à surveiller très-attentivement l'insecte pendant toutes ses phases, et plus particulièrement la dernière, je veux dire depuis le moment de la montée à la bruyère jusqu'à la mort de la pondeuse. Lorsque dans cet intervalle de temps tout se passe régulièrement, on pourra se flatter, de récolter de la graine qui ne demandera plus qu'à être hivernée convenablement, et couvée avec toutes les précautions requises pour que les vers qui en éclosent, mènent une existence exempte de toutes les maladies congéniales, qui très-nombreuses d'après Boissier, influent si considérablement sur le quantième et la qualité des récoltes. G. L.

---

§ 2

DU TRANSPORT DES GRAINES

« Il n'y a pas de signe, que je sache, pour connaître les graines altérées par un long transport d'un pays à un autre, lorsqu'on l'a fait sans précaution. Ainsi je me bornerai à indiquer celles que ce transport demande. Ceux qui les ignorent ou les négligent en sont les dupes ou bien ils trompent les autres.

« Règle générale. Pour transporter la graine au lointain, quel que soit le système de locomotion auquel on le soumet, il faut que l'emballage soit conditionné de façon à ne pas l'entasser, et, à ne pas non plus la priver d'air. Cet emballage devra varier selon que la graine à transporter est en vrague ou pondu sur des toiles ou sur des cartons Si, elle est en vrague on pourra se servir de boîtes ayant le fond et le couvercle percillés d'ouvertures fermées par une toile très-claire, et surtout assez grandes (les boîtes) pour que la quantité de graines qu'elles contiennent ne soit entassée, ce qu'on obtiendra en ne mettant dans chaque boîte pas plus de graines que ne le comportent les deux tiers, ou tout au plus les trois quarts de sa contenance. Si la graine est pondue et conséquemment adhérente à des morceaux de toile, d'une certaine grandeur, il suffira de couvrir la graine d'une mousseline, et de plier la toile en quatre, pour ensuite l'emballer dans des boîtes percées de petits trous de tous les côtés afin que l'air puisse librement circuler et ménager une sortie libre à la transpiration de la graine pour éviter toutes les altérations que cette graine subirait si l'humeur transpirée restait à sa charge.

« C'est plus particulièrement dans l'hiver qu'il y a moins à craindre des voyages qu'on fait faire à la graine (12).

(12) La malencontreuse occasion que nous a présenté la dernière épidémie, celle de nous obliger d'importer des quatre coins du monde la graine nécessaire à la sériculture de la France, de l'Italie et de l'Espagne, a instruit les importateurs sur la manière la plus sûre de faire voyager la graine. Le besoin de graine étrangère se faisant encore sentir, il n'est pas inutile de rappeler aux éleveurs que la graine qui nous vient du Japon — le pays qui nous en fournit le plus — cette graine, dis-je, ne présente aucune altération qu'on puisse rapporter à la négligence des emballeurs ou à des avaries contractées pendant son voyage. Elle nous arrive dans toute l'intégrité désirable.

L'emballage de cette graine, qui est pondue, et adhérente à des feuilles de cartons, se compose d'une grande boîte pouvant contenir un nombre indéterminé de cartons, qu'on empile les uns sur les autres, en les tenant distancés entre eux au moyen de paille ou de liteaux afin que l'air puisse y circuler.

Ces boîtes peuvent se tenir isolées; aussi bien on en peut réunir un certain nombre dans une caisse plus grande, pourvu qu'encore celle-ci présente des ouvertures de chaque côté, et que dans le bâtiment qui les transporte en Europe, elles occupent une place la moins sensible aux variations de température. Un importateur de mes amis, M. Bavier, reçoit à Lyon de sa maison du Japon, les graines sur cartons emballés dans des boîtes ou caisses dont les quatre parois sont construites au moyen de liteaux placés de manière à laisser une petite fente entre l'un et l'autre. Ces caisses sont ordinairement de la contenance d'une centaine de cartons, et sont enveloppées dans une natte végétale. A l'arrivée sa graine est aussi irréprochable qu'à son départ de Yokohama.　　　　G. L.

§ 3

DE L'HIVERNAGE OU HIBERNATION DE LA GRAINE

« Le soin qu'on doit avoir de ne pas trop entasser la graine, ne doit pas se borner, comme nous l'avons dit, au temps du transport; il doit s'étendre à celui qui s'écoule depuis la ponte jusqu'à la couvée. Les magnaniers s'appliquent aussi dans cet intervalle à donner à leur graine une juste mesure de température , et c'est ce qu'on appelle *hiverner la graine*.

D'après ce que Boissier a pu observer dans les principaux ateliers des Cévennes, il lui est résulté que les bons magnaniers, dont le nombre est très limité, pour donner à leur graine le degré convenable de température, s'y prennent de la manière suivante.

« Après la ponte, ils mettent leur graine au fond d'un coffre placé dans un cellier, ou dans l'endroit le plus frais du logis et qui ne soit pas sensiblement humide. Lorsque le froid commence à se faire sentir, ils pendent le paquet aux graines au plancher de leur chambre à coucher, ou bien dans celle où ils font du feu pour leur ménage. Ces chambres sont mal bouchées dans les campagnes : l'unique fenêtre par où le jour vient est souvent ouverte. La graine est au coin du plancher loin de la cheminée et des ouvertures par où l'air peut entrer.

« Lorsque la gelée survient on enveloppe le paquet et on l'attache au ciel du lit en dedans et du côté des pieds. Si les mois de février et do mars sont chauds, on rapporte les graines à la place qu'elles occupaient en été, ou dans un appartement convenable pour la température selon le plus ou moins de chaleur qu'on éprouve. Le magnanier imite en cela, sans le savoir, la fourmi qui loge ses œufs plus bas ou plus haut dans la terre, selon que la saison est plus ou moins rude.

« On voit par cet exposé que la règle générale suivie par ces magnaniers est de s'accomoder au temps, et de plus que pour hiverner il n'est pas nécessaire d'un degré déterminé de chaleur. Il suffit, comme dans toute la conduite des vers à soie, d'un à peu près. Une plus grande précision, trop gênante pour les magnaniers, serait aussi tout à fait inutile.

« Les conséquences qui découlent de la manière de procéder que je viens d'exposer sont : 1° qu'à en juger par approximation, le thermomètre Réaumur devrait toujours marquer une dizaine de degrés au-dessus de zéro; 2° que dans les étés les plus chauds la température d'un cellier ou d'une cave ne dépasse pas 15 à 16° de chaleur, qui est la température des endroits les plus frais au fort de l'été; 3° que le froid qu'elle éprouve en hiver, pendant les fortes gelées, est de 4 à 5° au-dessus de zéro.

« En hivernant les graines, il y a deux excès à éviter savoir : le trop de froid et le trop de chaud. Les graines qu'on laisse en hiver dans un endroit trop froid, sont non seulement plus longtemps à éclore, mais elles traînent et n'éclosent pas à la fois, ce qui cause au magnanier des préjudices ou de l'embarras. Très-souvent même la moitié de ces graines n'éclot pas à la couvée ordinaire. C'est pour cela, sans doute, que lorsque l'hiver a été plus long que de coutume, et que les gelées ont été plus fréquentes on se plaint ordinairement au printemps d'après que la moitié des graines est restée sans éclore et qu'elles ont été gelées.

« Pour connaître si la graine a enduré un froid trop fort, on en jette une pincée dans un verre d'eau. Si la graine a été hivernée trop froi-

dement, olle paraît au fond de l'eau de différentes nuances, et est très-résistante à éclore. Celle
qui parait dans le fond de l'eau du verre d'essai,
d'une couleur uniforme et telle que lorsqu'elle
est sèche, éclot aisément et en plus grande
quantité à la fois.

« La gelée cependant ne fait point périr les
graines qui y sont exposées. Des graines hivernées dans un paquet placé en dehors d'une fenêtre, par une température à 4° Réaumur au-
dessous de zéro, et quelques jours après les
avoir conservées à la manière ordinaire, aucune
d'entre-elles ne manqua d'éclore, mais présen-
tèrent le même inconvénient dont il est question au commencement des alinéas précédents.

« Si l'on expose, au contraire, pendant l'été
et l'hiver à une température trop chaude, il arrive ou qu'elle commence à s'émouvoir et à
éclore avant la pousse du mûrier, et c'est autant
de perdu, ou qu'elles disposent les vers à la
maladie de la grasserie(13).

(13) Somme toute, les graines présentent ce que présentent plus tard les vers qui en éclosent, je veux dire une
incontestable tolérance pour toutes les diversités de température auxquelles on peut les soumettre, pourvu cependant que ces températures se tiennent dans certaines limites, soit en bas soit en haut de l'échelle thermométrique.
Entre la manière de réagir au froid et à la chaleur des
graines et des vers, il y a cependant cette différence, que
les graines ne périssent pas même lorsqu'on les expose à
un froid de 13° centigrades les vers, sans doute, périraient
par congélation. Par contre, tandis que les vers qui supportent impunément la température élevée à plus de 36 ou 37°
centigrades, les graines perdraient infailliblement à ce degré de chaleur leur aptitude génératrice. De tout ce que
nous avons lu et de tout ce que nous avons entendu dire
à l'égard des extrèmes vraiment physiologiques pour la
conservation de la graine, il est prudent de ne pas dépasser en bas le 2° ou 3° degré centésimaux, et en haut de 8
à 10° à la différence des vers qui pour mieux vivre et réussir, ne doivent être cultivés qu'avec une chaleur de 10 à
12° au moins jusqu'à 30° au plus
Mais comme dans les magnaneries et dans les locaux
habités la température est toujours plus ou moins corré-
lative à la température du dehors, et partant toujours oscil-
lante, Boissier est d'avis que la graine serait d'autant

mieux hivernée, qu'elle serait conservée dans un local à l'abri de toutes les péripéties atmosphériques, et, pour soutenir cette opinion, il cite des grottes et les caves de l'observatoire de Paris, dans lesquelles, en hiver comme en été, la température ne subit que des variations insignifiantes.

Cette idée, très-juste, a été réalisée très-heureusement par un des plus instruits et très-compétents sériculteurs contemporains. Je veux dire par M. Susani de Milan. Son établissement pour la conservation de la graine, qui fonctionne depuis quelques années, a déjà donné des résultats plus que satisfaisants. Le *Moniteur des soies* enregistrait. dans un de ces derniers numéros, un petit fait statistique à l'éloge de cet établissement, duquel il résulte que 1.000 onces de graines de race verte, qu'on y a conservées l'hiver passé, ont donné environ 40,000 kilos de cocons où autrement 1 once de graine a rendu 40 kilogr. de cocons, tandis que quelques onces de la même graine n'ont rendu qu'en raison de 15 kilogr. par once. Ce résultat peut se passer de commentaires. L'établissement d'hibernation de la graine (qu'on pourrait appeler *hivernatoire* en français et *jovernatos* en italien) de M. Susani, est une des plus utiles acquisitions hygiéniques qu'ait pu faire la sériculture, étant appelé à aider efficacement cette industrie à reconquérir son ancienne prospérité.   G. L.

---

§ 4

CONSERVATION DE LA GRAINE D'UNE ANNÉE A L'AUTRE

« La prolongation de l'hivernage de la graine pour un temps considérable, loin d'être un objet de simple curiosité, serait dans bien des occasions, d'une utile ressource, lorsque la disette des graines en fait prodigieusement hausser le prix, disette qui arrive, quand les couvées viennent à manquer, soit lorsque les vers à soie éclosent avant le temps, ce qui arrive ordinairement, lorsqu'on n'a pas ménagé aux graines la fraîcheur requise, ou bien dans le cas où les mois qui précèdent immédiatement la couvée ont été plus chauds que de coutume, ou enfin quand la gelée qui a brouí la feuille des mûriers oblige de jeter les vers déjà éclos.

« Pour prolonger longtemps la provision en bon état, il suffit non de supprimer totalement la transpiration, qui doit s'y faire, mais de la diminuer, et l'on peut y parvenir, ou au moyen d'un enduit convenable, ou par l'exposition au froid pendant 22 mois.

« L'huile et la graisse qui ont si bien réussi à M. de Reaumur sur la coque des œufs de poule, n'eurent pas le même succès sur celles des graines du ver à soie : toutes celles qui en furent ointes périrent ; la coque s'aplatit et se dessèche en quelques jours.

» J'essayai en second lieu des vernis, tels que la gomme d'Arabie, la colle des poissons, la glaire d'œufs. Je ne vins à bout par là que de retarder la naissance des vers, de deux ou trois mois. Une autre expérience que je fis, sans pouvoir, par un inconvénient inattendu, la continuer jusqu'au bout, me persuada cependant de la possibilité de prolonger la durée des graines jusqu'au terme que je désirais, au moyen d'un simple enduit, mais épaissi par plusieurs couches.

« Je savais que le froid serait plus efficace. J'eus recours à celui d'une glacière et pour faire usage à la fois de deux moyens proposés » je vernis des graines à la gomme, et je les suspendis, à une toise, au-dessus de la glace... Je ne pus réussir à sauver une seule graine (14).

---

(14) De toutes ces expériences il résulte que le problème de la conservation de la graine d'une année à l'autre est encore à résoudre. Du reste l'importance de conserver pendant si longtemps la vie latente dans la graine ne saute pas aux yeux.

Il faudrait une foule de circonstances plus défavorables les unes que les autres pour qu'il y ait profit de conserver 22 mois de plus qu'elle ne se conserve ordinairement. Il n'y a qu'une circonstance, dans laquelle il y aurait avantage à pouvoir disposer de graine conservée, et cette circonstance se présenterait dans le cas de gelée de la feuille au moment de l'éclosion, mais dans ce cas cependant il ne serait nécessaire de prolonger la conservation que deux ou trois semaines au plus, jusqu'à une nouvelle poussée de la feuille. Dans la petite culture, l'éleveur pourrait en confectionnant sa graine lui-même, doubler la quantité pour en avoir de quoi remplacer la première en incubation, qui aurait péri, et certes il obtiendrait cela très-facilement, et à peu de frais.

§ 5.

RENOUVELLEMENT DES GRAINES

« Il n'y a qu'une voix chez tous les auteurs et les magnaniers pour dire, que les vers à soie et leurs graines s'abâtardissent par une suite d'éducations dans le même atelier. On va même jusqu'à croire, que passé trois ou quatre ans ou campagnes on aperçoit un affaiblissement sensible dans l'insecte.

« On en a vu en 1692 un exemple mémorable, par le dépérissement où tombèrent les ateliers de notre province. Comme après plusieurs années de mauvais succès on désespérait de pouvoir arrêter le progrès des maladies des vers à soie, on arrachait partout les mûriers, comme des arbres inutiles, au point qu'il n'en restait plus que quelques-uns, lorsque de Basville défendit sous les peines les plus sévères d'en extirper davantage. Il fit venir de nouvelles graines de l'étranger, qui furent distribuées dans les principaux endroits de la Généralité, et on éprouva quelque amendement dans les maladies.

« Il est pourtant à présumer que la graine ne tend pas de sa nature à dégénérer en si peu de temps, et que l'abâtardissement des vers ne prend sa source que dans une suite d'éducations mal entendues, et doit être rejeté en grande partie sur l'inhabilité des magnaniers, puisqu'il y en a que je sais avoir réussi assez souvent depuis 25 ans, avec des graines domestiques, dont les générations s'étaient succédé dans la même magnanerie.

« Nos magnaniers d'autrefois, tiraient leur graine d'Espagne, et les habitants de la Lombardie et des Romagnes se pourvoyaient en Calabre.

« Boissier termine en engageant les magnaniers de ne pas avoir recours aux graines étrangères, souvent douteuses, et de préférer, en cas de besoin, les indigènes qui réussissent tout aussi bien qu'on peut le désirer. Il les conseille de faire leur provision dans les pays froids des montagnes, ainsi qu'à ceux dont le climat est également frais. L'échange mutuel que les magnaniers font entre eux de leurs graines suffit ordinairement pour produire d'heureux résultats dans leurs éducations.

§ 6

DES APPRÊTS DE LA GRAINE

« Il était d'usage, au temps de Boissier, suivi par quelque sériculteur, de tremper la graine dans l'eau, avant de la mettre en incubation. D'après notre auteur cependant, cette pratique ne favorise pas l'éclosion ; au contraire elle la rend plus difficile, en présentant l'inconvénient de l'allonger, et de donner plus de traîneurs à la naissance. Le seul avantage que la pratique du bain d'eau pourrait produire sur les graines, serait de les empêcher d'éclore pendant un long trajet : il suppléerait même au défaut d'un endroit assez frais pour les garantir des ardeurs d'un été rigoureux. C'est pour cela peut-être que les Chinois — au dire du père du Halde—donnent à leurs graines plusieurs bains d'eau fraîche, en les plongeant de temps à autre dans une rivière, avec le papier où elles tiennent, et les exposant quelquefois à la pluie et à la neige.

« Aux petits avantages près, qu'on vient de voir, on doit éviter de mouiller la graine avec de l'eau, qui y donne une teinte terne, que les connaisseurs distinguent au premier coup d'œil.

« Il est plus ordinaire, à la veille de mettre la graine en incubation, de la faire tremper dans du vin généreux, et de l'en tirer quelques instants après pour la faire sécher tout de suite plutôt à l'ombre qu'au soleil, en l'éparpillant sur un linge.

« Cet usage, qui est fort ancien est fondé sur l'opinion, que le vin fortifiant la graine, fait naître les vers avec plus d'ensemble, leur donne de la vivacité, les rend moins accessibles aux maladies et empêchent les graines de dégénérer. Les auteurs italiens cités par Boissier insistent beaucoup sur cette pratique. C'était donc une raison pour essayer, et c'est ce que Boissier a fait. Voici le résultat de ses expériences.

« Je mis tremper dans plusieurs sortes de vin pour un instant, ainsi qu'il est prescrit, différents lots de graines, et après les avoir fait sécher, je les mis tous couver de la même façon dans des paquets séparés, et bien étiquettés. La graine trempée dans le *jusclan*, qui est un vin de la côte du Rhône, et conséquemment très-généreux vint à éclore un jour plus tôt qu'un paquet de pareille graine qui n'avait eu aucun bain et qui me servait de pièce de comparaison.

« D'autres expériences faites en employant d'autres vins, m'ont conduit à constater que le vin de Chypre et le muscat empêchent la graine d'éclore, la faisant périr, comme si elle était trempée dans l'huile. D'où il tire la conclusion que, si le succès de cette sorte de bains est si incertain, et s'il y a au contraire des risques à y employer un vin qui participe plus ou moins de la qualité de celui de Chypre ou du muscat, et s'il est certain d'ailleurs, comme je l'ai éprouvé, que les graines mises couver sans apprêt, mais bien hivernées, éclosent promptement toutes à la fois, et donnent des vers sains, toutes choses d'ailleurs égales, que faut-il en conclure si ce n'est que le meilleur apprêt est celui de ne point en faire (15).

(15) L'eau et le vin, ne sont pas les seuls liquides dont on s'est servi pour complaire à la croyance que l'eau, le vin et les liquides excitants puissent favoriser l'éclosion de la graine, et la robusticité constitutionnelle des vermisseaux, dont ceux-ci ont besoin pour franchir l'obstacle qu'ils ont à surmonter avant de sortir. Cette croyance qui, ainsi qu'on vient de voir, n'était pas partagée par Boissier, n'a pas encore — paraît-il — fait son temps, puisque maints éleveurs la professent encore aujourd'hui, et maints inventeurs se sont donné la peine, il n'y a pas bien des années, de proposer des formules liquides tendant à remplacer l'eau et le vin, employés par nos trisaïeuls. Inutile d'en parler, car elles n'ont vécu que le temps que vivent les roses si tant est qu'elles ne soient mortes-nées.

Sous un autre point de vue, les bains préliminaires à la mise en incubation, ont joui d'une certaine faveur, au moment où les éleveurs de la doctrine panspermiste constataient la présence des infiniment petits un peu partout, et à plus forte raison sur la coque des graines de vers à soie. Encore cette pratique a fait son temps : l'expérience n'a pas tardé à en faire prompte justice, et à l'heure qu'il est on l'a entièrement oubliée, subissant ainsi le sort de la doctrine d'où elle émergeait.

On peut donc se croire autorisé à conclure, comme Boissier, en établissant qu'il n'y a pas meilleur apprêt pour la graine que de n'en point faire. On évitera des risques, sans crainte de sacrifier aucun avantage.

Ce que je crois utile à faire, c'est de ne pas détacher les graines des chiffons ou des cartons, sur lesquels elle a été pondue avant de la mettre en incubation et voici le pourquoi :

Si l'on a assisté quelquefois à la sortie des vermisseaux de leurs œufs, on aura sans doute remarqué quelle peine ces petits animaux se donnent pour se débarasser de la coque. Si elle n'est pas fixée par la gomme qui l'enveloppe et qui la colle à une surface quelconque ne présente pas la résistance nécessaire, et par sa mobilité suit tous les mouvements du vermisseau. Un certain nombre de ces petits vers, sortis à moitié succombent au travail, et périssent ne pouvant pas se dégager entièrement, ce qui n'arriverait pas si la coque était immobile. L'espèce de vernis gluant dont est enduit l'œuf ne parait avoir d'autre but que de fixer cet œuf assez solidement pour offrir au vermisseau une résistance nécessaire à utiliser les efforts que l'insecte est obligé de faire pour sortir. Cette résistance constitue le procédé adopté par la nature toutes les fois que le ver doit changer de peau, et dans ce cas le ver même qui attache la peau dont il veut se débarasser par quelques baves soyeuses à l'aide desquelles il vient à bout de muer. Lorsqu'il est prêt à sortir du cocon sous la forme d'insecte parfait, ce cocon est déjà fixé aux rameaux au moyen de toutes les attaches, représentées par la bourre que le ver file lui-même avant de tisser son cocon. Dans tous les cas c'est le ver qui pourvoit au mode d'immobilité qui lui est nécessaire pour accomplir ses transformations et son travail, soit de sortir trois ou quatre fois de sa peau, soit de fixer la graine à l'endroit où elle doit éclore à la saison de la reprise de la végétation du mûrier.

C'est évidemment s'y prendre à rebours de la nature de l'insecte, que de chercher à enlever la couche agglutinante, qui couvre les graines, sous prétexte de faciliter la sortie du vermisseau qui, certes, une fois percé la coque, n'aura pas grande peine pour passer à travers le vernis dont elle est enduite. Il est donc préférable de respecter l'immobilité de la graine, en la mettant en incubation telle que la papillonne nous l'offre après l'avoir conservé soigneusement, sans la détacher des cartons ou des morceaux de toile, ou des draps sur lesquels elle aura été pondue.

G. L.

§ 7

DU TEMPS LE PLUS CONVENABLE POUR METTRE EN INCUBATION

« Maintes raisons, et entre autres celle de l'usage veulent qu'en fait de l'époque de l'année la plus convenable pour faire l'éducation des vers à soie, le printemps doit être préféré à l'été. L'usage fait loi, et il faut s'y conformer.

« Règle générale on peut le dire que voulant faire l'éducation dans le printemps, plus la couvée et l'éducation sont hâtives, et plus le succès en est assuré. Outre cela les mûriers s'en trouvent mieux, en ce que dépouillés de meilleure heure de leurs feuilles, les scions qu'ils poussent ensuite sont plus longs et plus vigoureux.

« Une autre maxime générale également certaine c'est que la pousse de la feuille du mûrier, doit déterminer le temps de la couvée. L'on doit s'arranger de façon que le ver trouve en naissant de la feuille tendre proportionnée à la faiblesse de ses dents, et à la délicatesse de son estomac. On dit communément que le ver à soie doit venir comme la feuille, ou lorsque les premiers bourgeons d'un mûrier blanc, bien abrité ont paru, et que les trois ou quatre premières feuilles commencent à se développer. Ces règles générales cependant sont subordonnées aux gelées, qui surviennent au moins de quatre années, l'une dans la saison où les vers sont nés ou prêts à éclore.

« Lorsqu'on qualifie le mûrier du titre d'arbre sage, on entend sans doute le mûrier noir, appelé vulgairement *mûrier de dames*, autrefois plus commun que le blanc, et dont la feuille plus épaisse, rude au toucher, et d'un vert foncé est plus tardive à pousser. Le mûrier blanc, par contre, — le seul presque, cultivé aujourd'hui porte des mûres noires, grises ou blanches, la moitié plus petites que celles du mûrier noir appelées *mûres de présent*. Ses bourgeons sont presqu'aussi hâtifs que ceux de l'amandier, et des arbres les plus décriés par leur imprudence. Le mûrier blanc est même le seul de nos arbres, dont la feuille soit plus

sujette à être brouie par les petites gelées d'a-
vril, à cause peut-être de ne pas se trouver chez
nous, dans son climat natif.

«Si malheureusement il arrive que le bourgeon
de ce mûrier soit broui par la gelée jusque dans
le cœur, au moment où la couvée est très-avan-
cée et qu'on ne peut plus reculer, le seul parti
qui reste à prendre à l'éleveur, c'est de jeter la
graine, ou les vers mêmes, s'ils sont déjà éclos.
La feuille de mûrier une fois gelée, ne reparait
que 15 ou 20 jours après dans la saison la plus
favorable, et souvent le vent du nord retient
les bourgeons au-delà de trois semaines.

« Les mûriers qui se trouvent loin des étangs
ou des rivières, et qui sont plantés sur des
hauteurs à couvert du vent du nord, ainsi que
ceux qui croissent dans l'enceinte des villes, des
villages, et même dans la basse-cour d'une ferme
de campagne, sont moins exposés à la gelée.
Les éleveurs qui auraient toute leur provision de feuilles dans de pareilles conditions, pourraient seuls mettre en sûreté leurs
couvées, dès que leurs mûriers commencent à
poindre.

« Il n'y aura point de difficultés à surmonter
lorsque la saison du printemps est en retard,
c'est-à-dire que l'hiver a été long et rude, et
que les mûriers commencent à pousser vers la
fin d'avril. Il y a dans ce cas vingt à parier contre un qu'il ne gèlera plus. Alors la poussée des
bourgeons ne trompera pas, et l'éleveur pourra
en toute sûreté mettre ses graines à l'incubation, et pousser en même temps les vers par le
feu pour les garantir des chaleurs du mois de
juin, et aussi pour suivre la pousse de la feuille,
qui s'accomplit, dans ce cas avec beaucoup de
rapidité.

« Si cette pousse se manifeste à la moitié
d'avril, on peut encore mettre la graine à couver, quoiqu'il y ait un peu à craindre. Mais, vu

l'importance d'une éducation hâtive, on doit hasarder au moins la moitié de la graine.

« Enfin, lorsque la feuille qui a poussé en mars vient à être gelée au commencement d'avril, on doit encore mettre la couvée dès que de nouveaux bourgeons reparaîtront, parce que l'intervalle qui s'écoulera entre la gelée et cette nouvelle pousse portera la naissance des vers à un temps, où il n'y aura plus de risques d'une nouvelle gelée.

« Je ferai remarquer ici en passant, que ce n'est que dans les deux premiers cas dont j'ai parlé, qu'on a besoin de feuilles hâtives : telle est celle d'une bonne pépinière bien exposée et dans un bon fond, ou celle d'un gros arbre planté dans une basse-cour ou d'un mûrier en espalier tourné au midi. On peut suppléer aussi à ces différents moyens en piquant de bonne heure en terre de jeunes scions de mûrier au pied d'un mur exposé au midi, et qu'on arrose de temps à autre.

« Dans le cas où l'hiver ait été tempéré, et que la pousse des bourgeons du mûrier se soit présentée dès les premiers jours de mars — — l'hiver ne perdant jamais ses droits — il est tout naturel de s'attendre à une gelée, qui fera périr la feuille. Si cette attente est de quelque durée, elle jette le magnanier dans l'embarras en voulant et en devant prendre une décision. Il est obligé de compter avec la gelée qui peut le surprendre d'un moment à l'autre, et le vent du nord qui arrête par fois la pousse des mûriers pendant plus d'une quinzaine de jours. Si le magnanier se décide d'emblée, une gelée de la feuille peut le forcer à jeter sa graine au fumier, ou ses vers aux poules, et si survient un vent, pour peu qu'il dure, il arrêtera la végétation, et les vers dans cet entre fait auront le temps d'atteindre le moment de la frèze — qui est le temps de leur faim canine

— et cela pendant que la feuille n'a pas encore
pris toute sa croissance. Le ver mangera la
feuille en herbe, ce qui emportera le plus clair
du profit de l'éducation, attendu que la première économie à réaliser dans cette industrie
pour la rendre rémunératrice, consiste à nourrir les vers au meilleur marché possible.

« D'un autre côté, si l'on diffère de mettre à
couver, et que — chose rare — le printemps se
passe sans gelée et sans vent du nord, les mûriers pousseront comme à l'ordinaire, et les vers
en naissant trouveront la feuille trop faite et à
leurs derniers âges ils n'auront plus qu'une
feuille dure et coriace, qui en fera périr bon
nombre. Le temps de la montée arrivera dans
les grandes chaleurs, qui font mourir par milliers ces insectes et dont il est dificile de les
garantir.

Entre ces deux chances, il y a un milieu à
prendre, quoique on hasarde encore en le prenant. Pour se déterminer dans ces conjonctures,
il faut d'avance avoir à observer deux choses.
En premier lieu quelle est l'époque du printemps
où communément il ne gèle plus et ensuite
quelle est celle où la feuille du mûrier achève
ordinairement de croître et de prendre le point
de consistance et de maturité, au-delà duquel
elle commence à durcir ?

« Dans ce pays-ci (Alais), lorsque la saison
n'est ni avancée ni reculée, les mûriers blancs
poussent vers le milieu d'avril, et la feuille des
gros arbres de cette espèce a pris tout son accroissement vers le 20 ou 25 mai, ce qu'on reconnaît à la maturité des mûres. Il est d'usage
de mettre en incubation environ le 22 avril.

« Mais si la pousse des mûriers a commencé
dans la première quinzaine de mars, on attend
patiemment le 12 ou le 15 avril pour mettre la
graine à couver. Si l'on voulait commencer la
couvée avant le 18 ou 22 avril, et qu'elle fût

considérable, la prudence voudrait qu'on se trouvât pourvu de graines de relais, au cas où l'on fût obligé de jeter la première, à moins qu'on ne préfère de partager la graine que l'on a en deux lots pour tout autant de couvées, et qu'on mettrait en incubation à dix ou douze jours d'intervalle l'une de l'autre. On risquerait moins. En toute circonstance — si la saison de la pousse est retardée — il est à propos de ne pas hâter les vers, et dans le cas contraire il conviendra de les presser, en leur faisant faire de cinq en cinq jours les deux ou trois premières mues, et cela en les tenant dans une bonne température.

« Toutes ces règles et moyens que je viens d'indiquer, ne sont pas rigoureusement immuables. On comprendra facilement, par contre, qu'il doit se présenter des exceptions, tenant à la localité, aux climats et à d'autres circonstances, auxquelles un magnanier intelligent doit avoir égard.

---

§ 8

DE L'INFLUENCE DE LA LUNE SUR LES COUVÉES

Boissier — je m'empresse de le dire — ne croyait pas à l'influence de la lune sur les couvées, comme la plupart de ses prédécesseurs, et entre autres le célèbre poète et évêque Vida qui insistait beaucoup sur la nécessité de ne mettre couver qu'à la nouvelle lune, et de s'arranger de manière que les vers n'éclosent lorsque ce satelite est dans son plein.

Præterea (*dit Vida*) lunaï gelidæ incrementa
Sunt servanda, senescentis fuge tempora læva

L'influence lunaire a été reléguée par Boissier dans la catégorie de tous les autres préjugés qui avaient cours autrefois en sériculture. Voici comment il s'exprime à ce sujet :

« Un magnanier, par exemple, ne donne ni feu ni eau pendant la durée de ses éducations. Les femmes et les filles en âge de puberté ne doivent point être admises dans son atelier. L'entrée en est surtout interdite aux laides et aux vieilles, qui pourraient jeter un sort sur la chambrée, et à tout étranger, de mine sinistre, de regard farouche, et dont la physionomie ne revient pas. On ajoute bien d'autres misères qui déshonorent la raison et qu'on ne manque pas d'appuyer de faits ou d'historiettes. Ce serait perdre son temps, que de chercher à détromper la crédulité des esprits retrécis. Je puis cependant assurer dans le cas présent, que j'ai mis couver, et que j'ai fait éclore des vers à soie à tous les quartiers de lune, et qui ne m'ont mal réussi que lorsqu'en les élevant, je me suis écarté à dessein, ou par ignorance des bonnes règles que je n'ai pas toujours connues. (16)

(16) Matthieu Bonafous, dans sa traduction en vers français du poème de Vida, à la onzième note de son travail et à propos de deux vers précités dit : « Nous nous bornerons à dire que les vers à soie ne réussissent mal, que lorsque les éleveurs — quel que soit l'époque de la lune — s'écartent par erreur ou volontairement des soins, qui peuvent seuls assurer la prospérité de ces insectes. Les Chinois, sans égard au satellite du globe terrestre, font éclore les vers à soie dès que la tourterelle roucoule et bat des ailes, et que le roitelet établit son nid dans les mûriers. Les magnaniers du Languedoc choisissent ordinairement l'époque où le moineau prépare sa couvée. »

Dans les campagnes du département de la Drôme les paysans se conforment au dicton vulgaire : « *A la Saint-Marc* (25 avril) *il n'est ni trop tôt ni trop tard.* » Tant pis, si le proverbe se trouve en défaut par suite des vicissitudes saisonnières.

Le Vendredi Saint a joui aussi dans quelques localités séricoles du privilège d'être choisi pour la mise en incubation de la graine, sans faire attention que ce jour-là est un jour mobile, comme est mobile le jour de Pâques, auquel il est inséparablement attenant.

Une redite n'est pas toujours inutile, et elle l'est d'autant moins lorsqu'il s'agit d'extirper des préjugés et des superstitions qui nuisent à la dignité de la raison et compromettent le plus souvent l'issue d'une entreprise. Je disais donc dans le précédent paragraphe que *l'hiver ne perd jamais ses droits*, et conséquemment que l'éleveur est obligé de se préoccuper de la façon dont l'hiver accomplit ses phases pour en tirer un horoscope au sujet du comment probablement le printemps accomplira les siennes. Voici à cet égard un proverbe, qui tout vulgaire qu'il est, présente quelque probabilité et c'est comme tel que je me permets de le rappeler aux éleveurs qui l'auraient oublié ou qui en ignoreraient l'existence.

> Si l'hiver va son droit chemin
> Vous l'avez à la Saint-Martin (11 nov.).
> S'il retardait un seul instant
> Vous l'aurez à la Saint-Clément (23 nov.).
> S'il trouve son chemin barré
> Vous l'aurez à la Saint-André (30 nov.).
> Si par hasard il s'égarait
> Vous l'aurez en avril *ou mai*.

Je remarquerai en passant qu'au moment où j'écris (28 décembre) l'hiver, cette année, ne semble nous avoir envoyé le jour de la Saint-Clément, sa carte de visite que pour prendre congé, car du train dont il est allé jusqu'à présent, pardessus et cache-nez sont restés aux portemanteaux. Donc, que les sériculteurs méditent sur les deux derniers vers du vieux dicton :

> Si par hasard il s'égarait,
> Vous l'auriez en *avril ou mai*.
>
> G. L.

---

§ 9

QUANTITÉ DE LA GRAINE POUR CHAQUE COUVÉE

La couvée rend d'autant plus de cocons qu'elle est plus petite. Celle, par exemple, qui n'est que d'une once, produit souvent entre des mains novices, 50 kilos de cocons, et quelquefois au-delà ; tandis qu'une couvée de 10 onces n'en donne même aux plus habiles, dans une

4

bonne réussite 30 kilos par once, et qu'une couvée de 20 onces produit rarement pour chaque once au-delà de 12 à 15 kilos.

La différence dans ces rendements de la graine peut provenir d'abord de ce que la graine en petite quantité est plus exempte des accidents ordinaires à celle qui est trop entassée, soit lorsqu'elle hiverne, soit lorsqu'on la met couver dans des nouets, qui risque beaucoup plus de s'échauffer, sa transpiration étant moins libre. Par contre ces inconvénients n'existent pas lorsque la graine est en petite quantité : elle se maintient plus saine et elle éclot beaucoup mieux, et les vers qui en éclosent sont mieux soignés, parce que la vigilance du magnanier est moins partagée. Pour les grandes quantités on ne multiplie pas en proportion la main-d'œuvre à mesure qu'on augmente le nombre des vers.

« D'ailleurs, les vers qui éclosent d'une petite quantité de graine se trouvent toujours plus grandement logés, quel que soit pour ainsi dire l'espace présenté par la pièce où on fait l'éducation, tandis qu'une plus grande quantité s'y trouverait mal à son aise. De toutes les économies, la plus fausse est celle qu'on cherche à réaliser sur l'espace. Il est très-difficile d'économiser l'espace, sans économiser l'air, et conséquemment on transgresse une des conditions les plus essentielles d'une bonne éducation. L'encombrement des êtres vivants même bien portants, engendrent des maladies parfois en telle abondance au point de simuler une épidémie. Le ver à soie, loin de faire exception, en est peut être un des exemples le plus frappant.

« Le sériculteur qui aime à opérer sur une grande échelle devra se conformer aux exigences hygiéniques, qui dans ce cas lui imposent de fractionner sa graine en autant de lots qu'il a dans son établissement de pièces assez vastes .pour éviter soigneusement l'encombrement. Dans la supposition que la graine à cultiver serait de 30 onces, il fera bien d'en faire trois lots au moins pour tout autant d'éducations différentes, à chacune desquelles surveillera un magnanier spécial. On regarde trop à la dépense, parce qu'il est rare de bien entendre ses intérêts. On peut encore mieux s'y prendre pour mieux s'assurer la réussite.

« Un sériculteur qui a de la feuille par exemple, pour 20 onces de graine, en fera dix lots de 2 onces chaque, pour tout autant d'éducations particulières, dont chacune sera confiée à une femme. Il y a des sériculteurs qui au lieu de dix lots en font vingt pour la même quantité de 20 onces, en le distribuant dans des logements séparés, si c'est possible, chez les habitants d'une localité qui sont au fait de cette manœuvre. »

Voici les réflexions économiques, avec lesquelles Boissier accompagne la méthode qu'il propose.

« Les frais d'éducation doivent, à la vérité, augmenter par le fait de la multiplicité des éducateurs, mais les profits sont à proportion bien plus grands. En effet, en supposant que l'éducation d'une seule once de graine produise environ 50 kilos de cocons, les 20 onces donneront une récolte de 1.000 kilos. La même quantité de graine élevée toute ensemble ne donnant que 13 kilos de cocons par once, le total de son rendement ne sera que de 260 kilos. En vendant les cocons dans un cas et dans l'autre, 3 francs le kilo, l'éducation fractionnée donnera un rendement en argent de 3.000 francs, tandis que l'éducation en bloc n'en donnera qu'un de 780 c'est-à-dire de 2.200 francs en moins. Si l'on prélève 2/5 ou 1/3 de la somme représentant l'encaisse de la vente des cocons

pour main-d'œuvre, c'est-à-dire 2.000 francs,
il restera de bénéfice pour l'entrepreneur
1.000 francs nets. Les magnaniers se partage-
ront 100 fr. chacun. (17)

(17). Ce calcul, comme tous les calculs industriels basés
sur le rendement d'une matière première vivante est sujet
à trop de causes aléatoires, pour qu'il puisse être accepté
par le sériculteur comme devant se vérifier toujours juste.
Mais comme dans le cas présent il s'agit d'une comparaison entre deux systèmes d'exploitation industrielle, il
est évident que, comme ce calcul se rapporte à un seul
objectif, il ne perdra rien de son exactitude, quoiqu'il ne
puisse pas répondre dans toutes les circonstances à l'attente de l'exploiteur. En conseillant les petites éducations,
Boissier ne se dissimule pas que mêmes les petites éducations ne réussissent pas toujours ni toutes, mais qu'il
est convaincu et veut convaincre les sériculteurs que toutes
circonstances égales on récoltera toujours plus de cocons
et de meilleure qualité moins l'éducation sera considérable
et c'est l'importance de la récolte qu'en définitive représente l'actif de toute entreprise. Inutile d'insister, car l'expérience a démontré à tous les sériculteurs,—qui pour réaliser une économie de main-d'œuvre, de local et de feuille,
ont exagérées les proportions de leurs établissements—que
cette économie disparaît en face de l'exiguité de la récolte.
Boissier a donc eu raison de prôner les petites éducations
et c'est le cas de rappeler aux éleveurs le proverbe « qu'il
est prudent dans cette circonstance comme dans bien d'autres de ne pas mettre tous ses œufs dans un même panier. » G. L.

***

§ 10

RAPPORT D'UNE QUANTITÉ DE GRAINE DONNÉE AVEC CELLE DE LA FEUILLE NÉCESSAIRE A L'ÉDUCA-TION.

« La feuille de mûrier est un objet assez important pour n'en acheter ou n'en destiner que la
quantité approximativement nécessaire pour une
quantité de graine qu'on veut cultiver. Cette
détermination est assez difficile à fixer en ne

tenant compte que de la quantité de mûriers gros ou petits qu'on a à sa disposition, ou qu'on est obligé d'acheter. Ces termes relatifs de gros et de petits ne déterminent rien pas même par à peu près, pouvant être appliqués à des grandeurs différentes.

« On doit donc avoir moins d'égard au nombre et à la grosseur des mûriers qu'à la feuille qu'ils reproduisent ; mais encore ce point de repère peut induire en erreur, puisque la feuille est plus ou moins lourde selon qu'elle est plus ou moins drue et plus ou moins profitable d'après la quantité de mûres qu'elle peut contenir.

« Le rapport entre le poids de la feuille et de la graine peut s'obtenir en prenant comme terme de relation non le poids de la graine, mais celui des cocons que cette graine peut fournir dans une petite éducation. Ainsi, si chaque once donne 50 kilos de cocons, la pratique fait voir qu'il faudrait 1.000 kilos de feuille. Cela se passe dans les petites éducations, mais il n'en est pas de même dans les grandes, car lorsque l'éducation est plus nombreuse il faut plus d'une once de graine pour rendre 50 kilos de cocons, et il en faut d'autant plus que la couvée sera plus considérable, sans compter, qu'il n'y a rien de déterminé dans cette progression.

« Dans la presque impossibilité d'établir ce rapport d'une manière exacte, les magnaniers conviennent assez unanimement d'établir quatre sortes de rapports procédant de la façon suivante :

« En supposant, disent-ils, que la couvée est 1° d'une once ou de deux onces de graine ; 2° qu'elle est de cinq à six onces ; 3° de dix à douze ; 4° de quinze à vingt il faut :

« Pour la première de 1.000 à 1.100 kilos de feuille ; pour la deuxième de 850 à 900 kilos par once ; pour la troisième de 750 à 800 kilos par once ; et enfin pour la quatrième 600 kilos par once et l'on suppose avec cela une bonne réussite ; car si les vers éclosent mal, s'ils sont malingres, et que les maladies les gagnent quand bien même les précédents rapports de la feuille seraient moindres, il y en aurait encore de reste ; et au contraire il en manquerait, si jouissant constamment d'une bonne santé, ils auraient été arrêtés par le froid, ou par le vent du nord, auxquels les vers auraient été exposés.

« Les éleveurs cévenols, vu la position où ils se trouvent n'y regardent pas de si près. Ils mettent couver 1/3 ou 1/2 en sus de graine sur ce qu'ils ont de feuille, et cela sans beaucoup de risque. La fraicheur des montagnes qu'ils habitent, arrêtant la pousse de leurs mûriers, leurs couvées sont plus tardives de 12 ou 15 jours que celles de la plaine. Lorsque celles-ci viennent à manquer ou que les jeunes vers périssent, les habitants des montagnes vendent à ceux de la plaine les vers qu'ils ont de trop ou bien ils attendent la fin de ces éducations manquées pour acheter à bas prix la feuille qui restera.

« J'offre ici aux apprentis un autre moyen pour savoir de bonne heure s'ils auront assez de feuille pour aller jusqu'au bout. Il n'y a qu'a examiner, combien de feuille leur reste de la provision faite, et cela après la quatrième mue. On convient assez généralement que les vers à soie consument deux fois autant de feuille à la grande frèze qui suit cette mue, qu'ils en ont consommé dans tout le temps qui a précédé. Cette donnée pratique pourra servir de règle à l'éleveur pour se décider à acheter de la graine ou renoncer à l'éducation, au mieux de ses intérêts. »

§ 11

MOYEN DE FAIRE L'ESTIMATION SUR LE MURIER DE LA QUANTITÉ DE FEUILLE QU'IL PORTE OU QU'IL PORTERA.

Il ne servirait qu'à peu de chose de connaître le rapport entre la quantité de la graine et celle de la feuille si on ne connaissait pas encore le poids de la feuille qu'un mûrier peut donner. Mais cette connaissance est très-difficile à acquérir, ne pouvant juger par estimation ou par à peu-près et au simple coup d'œil. Dans le nombre des magnaniers, il y a cependant de bons estimateurs et Boissier semble en avoir connus qui sans doute par leur longue pratique s'étaient fait un coup d'œil si juste, à ne pas se tromper que d'un ou deux quintaux sur une partie d'arbres en donnant 200 c'est-à-dire de 10,000 kilogr. environ.

« Lorsque le magnanier n'aura pas encore acquis ce talent qu'on pourrait appeler d'intuition acquise, il pourra parvenir de la façon suivante à se procurer approximativement la notion du poids qu'il a besoin de connaître.

« Le magnanier n'aura qu'à cueillir pour la première fois sur un mûrier bien garni, qui donne par exemple, 50 kilogr. de feuille. On en cueille autant sur un autre où elle soit clairsemée. On examine les branches cueillies et on les compare l'une à l'autre. On divise par la pensée l'arbre entier en des masses pareilles, et si les arbres sont trop petits pour que chacun produise 50 kilogr. de feuille, on en joint par la pensée deux ou trois qui équivalent au volume donné, et de cette manière on a à peu de chose près la quantité de la feuille recherchée.

« Lorsqu'on se sera suffisamment exercé sur

les arbres feuillés, et qu'on aura comparé et vérifié son estimation en pesant la feuille cueillie, on réussit de même après que les arbres auront été effeuillés, ou dont la feuille est tombée. L'on détermine à quelque chose près, en hiver, la quantité de feuille dont les mûriers en seront chargés le printemps suivant.

« Dans cette dernière façon d'estimer, on a égard à l'âge, à la vigueur de l'arbre, à son espèce, et surtout à la grosseur et à la longueur des scions ou jets de l'année, les seuls qui se garniront de feuilles.

« Un second moyen plus court que le précédent, mais moins exact c'est de savoir, qu'une toise ou autrement deux mètres cubes de branches bien garnies, et sans clairières rend à peu près 50 kilog. de feuille.

« Un cultivateur propriétaire d'une plantation de mûriers doit être au fait de cette estimation, et la faire chaque année pour reconnaître l'augmentation ou le déchet de sa partie de feuille, et se régler en conséquence soit qu'il la vende, soit qu'il la destine à tout autre usage (18).

(18) Je borne ici ces instructions préliminaires à la couvée qui à en juger par moi-même lasseraient le lecteur si je les poussais trop loin. Je me flatte cependant que les amateurs, surtout ceux qui voudront mettre les mains à l'œuvre me sauront gré de ces détails, ainsi que d'avoir surmonté l'ennui qu'ils entraînent. Ce qui serait un défaut dans tout autre ouvrage, fait, je crois, un des principaux mérites de ceux de cette espèce-ci. — A. B.

CHAPITRE IIIe

DE LA COUVÉE
OU INCUBATION DE LA GRAINE DE VERS A SOIE

---

§ 1er

ENTRÉE EN MATIÈRE

« La couvée des graines ou œufs de vers à soie peut être considérée sous deux différentes faces ; savoir la couvée qui se fait à la simple température de l'air, et qu'on peut appeler *incubation spontanée,* et l'autre où les soins et l'industrie de l'homme ont la principale part, ce qui est l'*incubation artificielle.*

« Nous ne traiterons de cette dernière qu'après quelques observations que nous ferons sur la première. Ces observations nous amèneront à parler des éducations champêtres et à examiner s'il est profitable de faire plusieurs couvées de suite dans la même année, ce qui conduira à la couvée artificielle.

---

§ 2

DE LA COUVÉE OU INCUBATION SPONTANÉE

« La couvée spontanée, au moins dans nos climats, serait peu utile si elle n'était suivie de l'artificielle. En effet une longue expérience a appris que les vers à soie, éclos d'eux-mêmes sans le secours de l'art, ne répondent jamais à l'attente du magnanier, et ne le dédommagent point, quelque belle apparence qu'ils aient des soins qu'on en prendrait. Je l'ai éprouvé bien des fois, et c'est bien rare que le hasard ne fournisse la même épreuve lorsque les vers échouent d'eux-mêmes inopinément.

« La couvée spontanée doit toujours précéder l'artificielle et longtemps avant celle-ci. Peut-être dans les climats équatoriaux de l'Ile de France et de Bourbon, l'embryonnement de la graine est plus précoce que dans nos régions tempérées, si les graines y éclosent presqu'aussitôt qu'elles viennent d'être pondues. Quoiqu'il en soit chez nous on peut dire que la graine annuelle a besoin de dix mois environ de temps et d'une température hivernale suivie d'un degré de chaleur convenable, pour accomplir son éclosion spontanée. Les expériences dont Boissier rend compte, et que je ne rapporte pour économie de temps, démontrent à l'évidence la justesse de ce que cet observateur vient de signaler (19).

(19) N'importe la température à laquelle on expose la graine en été elle ne saurait éclore, sans l'avoir préalablement maintenue dans une atmosphère froide 4 ou 5 semaines, comme le démontrent les expériences faites il y a quelques années par M. Duclaux. Ainsi les recherches scientifiques modernes ont abouti à vérifier la justesse des appréciations purement empiriques de Boissier. On ne sait, à vrai dire, aujourd'hui pas plus qu'on ne le savait au temps de l'habile sériculteur Cevennais positivement le pourquoi dans les pays, où règne constamment l'été, les graines de vers à soie, n'ont besoin que de quelques jours, pour se préparer à éclore, tandis que chez nous en Europe, elles demandent une incubation prolongée, indéfiniment. On ne connait pas davantage comment il peut se faire, que parmi les graines pondues fin juin, un certain nombre d'œufs éclosent tout au long le mois de juillet jusque aux premiers froids d'automne, pendant que la presque totalité ne bouge pas. Ce ne sont pas, du reste, les seules inconnues présentées en sériculture qui sont encore à déterminer malgré toutes les tentatives hasardées par des praticiens fort compétents comme Dusseigneur, entre autres, pour s'en rendre compte. V. *Dictionnaire de séricologie.* Art. Fleurons. G. L.

§ 3

COUVÉES ET ÉDUCATIONS CHAMPÊTRES

Les couvées spontanées qui s'accomplissent sur le mûrier à air libre, ce sont les couvées que Boissier comprend sous la dénomination de *couvées champêtres*. Des essais, dit-il, que j'ai répétés bien des fois, et que par occasion je rapporterai ici, m'ont mis à portée d'apprécier cette sorte d'éducation et soit dit, en passant, il est loin de l'avoir appréciée favorablement.

Voici quelques unes de ses expériences :

« 1° Je fis d'abord pondre de la graine sur une branche de mûrier où j'avais placé des papillons femelles, la graine fut bel et bien collée et j'eus le plaisir de la voir un mois en place ; elle disparut ensuite et devint, sans doute, la proie de quelques insectes.

« 2° L'année après, je mis sur une autre branche de mûrier, qui commençait à bourgeonner, de la graine prête à éclore. L'arbre était à un bon abri, dans une basse-cour, d'où ni les moineaux ni aucun autre oiseau n'approchaient. Les vers vinrent à éclore, et quelques-uns gagnèrent à la longue les bourgeons ; ils mangeaient rarement, étant détournés par le froid, la pluie, la chaleur directe du soleil. Ils avaient à peine entamé quelques feuilles que leur nombre diminuait à vue d'œil ; en 15 jours il fut réduit à rien.

« 3° Je mis de nouveau sur des mûriers de plus gros vers de tous les âges. J'en mis à différentes reprises dans des temps tantôt secs et tantôt humides, pendant le froid et le chaud. Les gros duraient un peu plus que les petits, mais tous eurent enfin le même sort. Les vents et la pluie les jetaient par terre et une fois tombés ils ne savaient plus retrouver le pied de l'arbre pour remonter. Ceux qui savaient se mieux accrocher et qui échappaient aux intempéries de l'air, étaient détruits par les fourmis, les perce-oreilles, scarabées et autres insectes. Somme toute, sur 100 vers placés sur un mûrier au temps de la grande fréze, à peine en resta-t-il un ou deux qui firent leur cocon.

Les vers élevés sur des mûriers ou simplement à air libre. — conclut Boissier — réussiront généralement fort mal, non seulement à cause de leurs ennemis de toute espèce, mais encore parce que les seules intempéries de l'air en font périr par elles-mêmes un grand nombre.

D'autres expériences faites, deux années de suite, à Montpellier par les Commissaires des Etats de la Province, et dont Boissier rend compte, ne réussirent pas mieux l'une que l'autre.

On pourrait peut-être objecter que les insuccès essuyés dans notre climat, proviennent de la différence climatologique existant entre nos pays et les pays originaires du ver à soie. Pour répondre à cette objection, Boissier cite la pratique suivie en Chine, au Bengale et au Tonquin, de cultiver les vers dans des habitations closes, à peu près comme en Europe, et en y employant des soins qui ne sont pas supérieurs aux nôtres.

« Pour ce qui est de vers à soie de l'espèce des nôtres qu'on trouve dans les forêts de mûriers de quelques cantons de la Tartarie chinoise, — qu'on croit être l'ancien pays des Seres — ces vers sauvages ne prospèrent pas mieux que ceux sur lesquels j'ai essayé moi-même. La lettre du voyageur d'où on tire ces informations finit par dire que les indigènes qui se donnent à ce genre de cueillette, ne récoltent certes pas les cocons à poignées.

« Ce qu'on vient de voir servira peut-être à

détromper les belles idées que se font quelques personnes sur les succès que nos insectes doivent avoir dans le climat qui leur est propre, sans qu'on en prenne aucun soin, et qui pensent qu'on devrait, dans nos éducations, se rapprocher de celles qui se font en plein air. J'ai été moi-même autrefois dans cette opinion qui n'est vraie qu'à certains points de vue que j'indiquerai par la suite. Il est d'ailleurs indispensable d'emprunter ici, comme en Asie, le secours de l'art (20).

(20) La curiosité peut pousser le savant à cultiver sur le mûrier la chenille de la soie pour en étudier les instincts et les besoins, mais l'éleveur qui s'y déciderait en vue d'économiser la main-d'œuvre et d'en régénérer la race ferait fausse route. Peut-être n'en récolterait-il pas suffisamment pour payer la cueillette. Et si pour la première année il voulait pousser l'expérience jusqu'à laisser sur l'arbre la graine pour l'année suivante, il courrait risque d'en attendre inutilement l'éclosion. Les essais auxquels on s'est livré, dans le but d'acclimater en France les vers de l'ailante et du chêne n'ont pas réussi de manière à engager les expérimentateurs à insister dans cette culture. Il est à croire que le rôle assigné par la nature aux insectes, et même à l'insecte de la soie, est de servir de pâture à d'autres animaux placés plus haut dans l'échelle des êtres, et leur grande fécondité semble ne leur avoir été donnée que pour aller au-devant de l'extermination de la race. Par la domesticité nous pourvoyons à la multiplication des insectes, que nous cultivons pour notre usage, et certes, nous avons plus besoin d'abriter nos élèves de toutes les causes naturelles de destruction, que de confier à la nature le soin de nous donner de bonnes récoltes, ne s'étant, elle, proposé d'autre but que de sauver les races par leur énorme fécondité. Exposer les vers aux éducations champêtres c'est confier l'administration de ses intérêts à un dissipateur. La robusticité de la graine qu'on obtiendrait peut-être par les intempéries atmosphériques, ne serait acquise qu'au prix de courir le risque de travailler inconsciemment à sa destruction. Si dans les pays que Boissier cite, et qui sont les originaires du ver à soie, la manière d'élever cet insecte ne diffère pas de la nôtre, il est à présumer que la graine dont on se sert, et que nous importons dudit pays, n'éclot pas sur les arbres. Tenons-nous à une bonne hygiène domestique et ne demandons à la nature d'autres services et d'autres coopérations que de ne pas faire geler la feuille et de ne pas contrarier par trop nos éducations; l'art du magnanier fera le reste.   G. L.

§ 4

PEUT-ON FAIRE DANS UNE SAISON DE LA MÊME ANNÉE DEUX COUVÉES ET DEUX ÉDUCATIONS ?

Une seconde couvée, suivie d'une seconde éducation après celle de mai et juin, présenterait par elle-même trop d'obstacles, et d'autant plus si elle était d'une certaine importance et non de simple curiosité. D'abord les vers en naissant trouveraient la feuille trop dure pour leur âge. On aurait de la peine de leur trouver de la feuille convenable, dans l'hypothèse que les mûriers n'auraient pas été effeuillés.

Mais dans l'autre supposition, je veux dire qu'on voudrait se servir de la feuille de scions que l'arbre aurait poussé après avoir été effeuillé pour une première couvée,il y aurait à tenir compte du dommage qu'en suporterait l'arbre soumis à une seconde effeuillaison dans la même saison. Quoi qu'on ait dit que dans certains climats le mûrier puisse être effeuillé jusqu'à trois fois dans l'année, il n'est pas moins vrai, que même ne périssant pas, il devient toutefois rabougri et ne donne que fort peu de feuille l'année suivante.

On aurait tort de croire que c'est une seconde éducation qu'on fait, lorsque par suite de la gelée de la feuille au moment de l'éclosion de la première couvée, on est obligé de jeter les nouveau-nés, et de remplacer la graine, ce qui amène un retard d'une vingtaine de jours, temps nécessaire au mûrier pour bourgeonner à nouveau. Dans ce cas c'est une deuxième couvée, mais non une seconde éducation. La seconde éducation commence après la récolte des cocons de la première, laquelle n'est, en réalité, qu'une couvée de perdue et une éducation manquée.

Il arrive assez souvent de ne pas réussir à la première couvée, ou d'être obligé d'y renoncer par suite de la gelée des mûriers. Mais dans ce cas on y remédie tant bien que mal en recommençant l'opération avec de la graine de relais, que l'éleveur fera bien d'avoir toujours à sa disposition, et cela en en confectionnant toujours plus qu'il ne peut en cultiver. Mais ce n'est pas de cette contingence dont il est question dans ce chapitre. Jadis, lorsqu'il existait en Toscane un tribunal de l'art de la soie, ce tribunal défendait d'effeuiller les mûriers qui l'avaient déjà été une première fois, à cause des dommages que cette seconde effeuillaison apportait aux arbres. Il y dérogeait cependant dans le cas extraordinaire d'une forte gelée, mais alors, au lieu de se servir de graine ordinaire, qu'on appelait royale, ou de vers à soie de quatre mues, on ne mettait à couver que celle appelée par les italiens *di trevolte*, ou de vers qui ne muent que trois fois.

Voici ce que Boissier dit à propos de ces vers :

« Ces vers sont une espèce particulière plus petite de moitié que l'ordinaire, qui vivent moins longtemps, mangent moins, et en revanche éclosent plus tôt et plus facilement. Ils se reproduiraient régulièrement deux ou trois fois de suite dans la même année, si l'on voulait en faire une seconde éducation et même une troisième, si d'ailleurs une troisième serait praticable. Ils filent enfin des cocons dix ou douze jours plus tôt que les vers ordinaires, mais ces cocons sont bien inférieurs aux autres par la taille, le poids, le tissu lâche et la qualité de la soie (21).

(21) Les vers à trois mues ou *Treottins* en français et en italien *Treotti* ou *Tezzini* sont en même temps *Trivoltins* ou *Polyvoltins* en français, *Moltivoltini* ou *Polivoltini* en italien, c'est-à-dire peuvent donner trois récoltes dans

l'année. Malgré l'opinion défavorable généralement profes-sée par les sériculteurs à l'égard de cette race de vers, Dandolo en parle avec beaucoup d'avantage, au point de dire : « si je m'adonnais à filer la soie je n'élèverais que des vers à trois mues. » Outre cela, Mathieu Bonafous raconte « que dans le Frioul et la Lombardie on cultivait les *Terzini* ou *Treottini*, qui leur donnaient des œufs plus légers que ceux des vers à quatre mues et à cinq âges, et dont les cocons, quoique très-petits, fournissaient la même quantité de soie, mais d'un brin ordinairement plus fin. »

Le même Bonafous, dans la 34° note au poème Vida ajoute que d'après la traduction du passage.

al bombycibus ipsis
Ter pigra dum vivunt renovabit corpora somnus

incline à croire qu'au temps de Vida, les vers à trois mues étaient les seuls vers cultivés en Italie. Si cela était, on comprendrait aisément l'importance que donnent Dandolo et Bonafous à cette race. Voici ce que ce dernier en pense:

1° Une existence plus courte, de toute la durée d'une mue, expose l'insecte à moins de chances défavorables ;

2° il y a économie de main-d'œuvre et aussi de feuille ;

3° on obtient la même quantité de soie qu'avec les vers ordinaires et de qualité plus fine, par la raison que si les cocons sont plus petits, le nombre de leurs cocons est plus considérable, attendu que dans une once de cette graine on compte beaucoup plus d'œufs que dans la graine ordinaire.

Les éleveurs qui, en général, sont obligés de s'exercimer de leur mieux contre la maladie et la concurrence étran-gère, peuvent, mieux que je ne le saurais faire moi-même, juger si tous ces avantages que je viens de signaler sont illusoires, ou bien s'il ne leur conviendrait pas de cultiver cette espèce de ver, si non de préférence à nos belles races à cocon jaune, au moins à d'autres races qui leur sont infé rieures incontestablement.

Pour dire le bon et le mauvais, je ne puis passer sous silence l'opinion de Boissier, qui, à l'égard de cette qualité de vers, rapporte que ces vers, c'est vrai, filent leur cocon 8 jours avant les autres, conclut que dans son pays ces vers réussissaient généralement si mal, qu'il fallut décidé-ment y renoncer.

Il faut cependant ajouter que Boissier, malgré sa mau-vaise disposition à l'égard des vers à trois mues, se plait de rendre justice à la variété tréottine de vers appelés de Nankin. Voici ce qu'il en dit :

« Ces vers, dont la naissance est assujétie à une saison comme l'espèce ordinaire, ne font que trois mues, et leur éducation ne demande pas de soins différents de ceux de l'espèce commune. On ne les distingue les uns des autres qu'en ce que les Nankins sont plus petits. Ils font cepen-dant des cocons aussi gros à quelque chose près, mais bien plus légers, et qui sont d'un beau blanc lustré, légè-rement azuré, auprès desquels nos cocons blancs sont ter-nes. Cette belle couleur qui se perpétue constamment

.d'une génération à l'autre, doit faire regarder les Nankins comme une espèce particulière bien définie et bien différente des autres à trois mues. »

G. L.

§ 5

COUVÉE ARTIFICIELLE

« Ainsi qu'on vient de voir, les œufs de nos insectes ne peuvent bien éclore ou éclore utilement s'il n'ont été longtemps exposés à une douce température, ou à une sorte de couvée naturelle qui commence de la ponte, qui se continue pendant l'automne et l'hiver, et qui se perfectionne enfin par une chaleur que l'industrie de l'homme lui donne. Cette chaleur est communiquée soit par des matières en fermentation, telles que le fumier, soit par l'application de la chaleur animale, soit par celle du feu, et c'est dans l'emploi de quelqu'un de ces trois moyens que consiste la *couvée artificielle ou domestique*. Si on n'y a point recours il éclot peu de vers, ou ils n'éclosent point simultanément, ce qui revient presque au même, au point de vue de la convenance industrielle, ou ordinairement sont mal sains. La nécessité de cette couvée a été reconnue depuis que la culture des vers à soie est connue en Europe. Le fumier fut le premier moyen employé, probablement par la raison que les moines qui portèrent de la Perse à Constantinople de la graine y apportèrent aussi cette manière de la faire éclore. Après on trouva, sans doute, qu'il était plus commode de couver la graine à la chaleur animale et cet usage fut généralement adopté dans toute l'Italie, d'où il a été transporté, avec la graine en France. C'est la seule méthode d'incubation dont parle Vida, et celle qui était encore la

plus usitée au temps de Boissier, et que bien
d'éleveurs emploient encore de nos jours. Finalement on a adopté la chaleur du feu dans tous
ses modes d'application. »

---

§ 6

COUVÉE AU NOUET

« On met communément la graine dans des
nouets ou sachets de linge, vu la commodité
de pouvoir les porter sur soi, dans le second et
le troisième temps de la couvée. Ces paquets
sont faits avec de la toile à moitié usée, qui est
plus propre à laisser passer la transpiration de
la graine ou à l'absorber que la toile neuve ou
que certaines étoffes. On serre ces nouets avec
un cordon, pour que rien ne s'en échappe.

« Les couveurs qui réussissent le mieux ne
mettent dans chaque nouets, que deux onces
au plus de graines, et pour qu'elle y soit lâche
et à l'aise, et qu'on ait la faculté de l'éparpiller
au besoin sans la sortir du nouet, il donnent à
ce nouet 10 à 12 centimètres de largeur et de
hauteur, pour éviter l'entassement qui est fort
préjudiciable par la raison que la graine entassée risque de s'échauffer et d'éclore avant le
temps, ou bien parce que la transpiration qui
s'en exhale venant à se concentrer peut l'en-
dommager. Jadis au lieu de nouets on se servait de boîtes, qui sont préférables, en ce que la
graine risque moins d'être pressée, mais cette
préférence est subordonnée à la manière dont
on chauffe la graine. Les nouets sont plus com-
modes, si on les porte sur soi à la chaleur im-
médiate du corps. »

L'application de la chaleur à l'incubation artificielle de la graine doit se faire par degrés, en commençant par les plus faibles. En partageant cette échelle thermométrique en trois parties, la couvée se trouve ainsi partagée en trois temps, à chacun desquels correspond une manière particulière d'appliquer la chaleur.

Voici comment on procédait du temps de Boissier :

1° *Période de la couvée au nouet.*

« Les magnaniers commencent la couvée en plaçant les nouets dans de la paille sur laquelle ils couchent. Ils les y enfoncent de quelques travers de doigts afin de les mettre à portée, seulement pendant la nuit, de la simple chaleur des pieds. De cette façon la graine ne reçoit environ que 15° Réaumur de chaleur, qui diminue sensiblement dès que le magnanier quitte le lit et pendant toute la journée, quoiqu'il ait la précaution de les tenir sous la couverture. Il les inspecte dès le second ou le troisième jour pour les ouvrir et retourner la graine. A cette période le magnanier peut s'exempter d'y regarder plus souvent, lorsque la graine est au large et qu'elle a été bien hivernée. Si la graine a été hivernée trop chaudement, la simple chaleur du lit suffit quelque fois pour la faire éclore. Il en sera de même si la saison a été chaude pendant les mois de février et mars. L'on s'en aperçoit lorsqu'elle blanchit dès le troisième jour de séjour dans la paille, et dans ce cas on devra ouvrir le nouet et remuer la graine. Si l'on y manque autant vaut-il la jeter de bonne heure, et d'autant plus si elle avait commencé de blanchir avant de la mettre à la paille. Les vers qui en écloraient seraient beaux en apparence mais probablement il en périrait bon nombre de la grasserie, comme si la graine avait été entassée pendant l'hibernation.

« Dans les pays chauds, tels que certains endroits d'Italie, les vers éclosent dès le troisième ou quatrième jour; dans les Cévennes, les couvées durent communément dix à douze jours et dans les années où ce temps est abrégé de moitié il périt beaucoup de vers, parce qu'il est rare que dès le commencement de la couvée on prenne les précautions que je viens d'indiquer, et qu'on a coutume de ne mettre en usage qu'au milieu de la couvée ou vers la fin.

« Bien de magnaniers n'apprécient pas tous ces petits détails du commencement de la couvée, comme ils mériteraient, les négligeant comme chose indifférente; les uns oublient entièrement les paquets sans y regarder de quatre à cinq jours (ce qui tire moins à conséquence si la graine a été froidement hivernée) d'autres, en donnant dès le début, une forte chaleur.

« Si on n'applique pas la chaleur graduellement, on manque à la condition essentielle d'une bonne incubation, et on s'expose à l'inconvénient de voir les graines n'éclore jamais bien en en périssant une certaine partie, ou tout au moins n'éclosant pas simultanément.

« Si pendant la couvée on est surpris par la pousse précoce de la feuille on aurait grand tort de brusquer la couvée. *Hâtez-vous lentement — lente festina* doit être la règle à suivre dans cette circonstance, d'autant plus qu'il reste la ressource de se rattraper en faisant faire les premières mues de cinq en cinq jours, au lieu de dix à douze qu'ils emploient communément de l'une à l'autre, ce qu'on peut faire sans le moindre inconvénient, ainsi qu'on verra à propos de l'*éducation hâtée.*

2° *Période de la couvée au nouet.*

« On ne laisse la graine que trois ou quatre jours dans la paille du lit , à la chaleur interrompue dont il a été question quelques lignes plus haut. Passé ce temps les bons magnaniers no perdent plus de vue les nouets, pour leur donner une chaleur plus ou moins forte, je dis plus ou moins, car il n'y a rien de déterminé à cet égard dans ce second temps non plus que dans la suite de la couvée.

« Il y a des magnaniers qui réussissent bien en amenant la chaleur jusqu'à 30° Réaumur, tandis qu'il y en a d'autres qui ne réussissent pas moins bien, n'en donnant que 25, seulement les graines couvées par ces derniers éclosent plus tard.

Le commun des magnaniers porte les nouets pendant le jour au fond de la poitrine, vers le bas ventre *(creux de l'estomac)* entre la chair et la chemise, après avoir un peu tiré celle-ci en dehors pour élargir cette espèce de poche. Ils lachent même leur gilet et la partie des boutons de leur veste, afin que les paquets ne soient pas trop serrés contre la chair, et que le couveur puisse librement les retourner, en leur faisant changer de place chacun à leur tour, pour qu'ils participent tous à la même chaleur, à l'instar d'une poule qui, lorsqu'elle est couveuse fait passer les œufs du bord du nid vers le centre et réciproquement. Les nouets se trouvent ainsi exposés à une température de 25° Réaumur. Le couveur est obligé d'ouvrir les nouets cinq ou six fois le jour pour donner l'évent à la graine, en faisant cette manœuvre au soleil ou près du feu.

« Si le couveur a un tempéramment chaud, et craint que les graines aient à souffrir du contact de la peau, il porte les nouets entre la chemise et un gilet de moleton.

« Les personnes du sexe, ordinairement chargées, dans quelques pays, des soins et de l'éducation, suspendent les nouets sur le devant ou sur le côté de la hanche entre la robe de laine et les jupes ou la chaleur est, dans les personnes saines, à 25° du thermomètre de Réaumur.

Les femmes couvaient autrefois les graines en
haut de la poitrine, selon le précepte de l'excellent évêque d'Alba, dont l'élégant poème sur le
ver à soie a été longtemps le code de la magnanerie.

> ..... tu conde sinu velamine   eta
> Nec pudeat roseas inter fovisso papillas
> Si te tangit honos, et flavi gloria fili.
> Cumque dies, alterquo dies processerit, ecco !
> Cernere erit formis, animantia fervere miris.

passage que Bonafous traduit librement mais
très-élégamment de la manière suivante :

> Mais toi, chaste beauté, toi, si tu veux me croire,
> Si tu veux de la soie et l'honneur et la gloire,
> Pour remplacer le feu de l'astre matinal
> Cache leurs grains féconds dans ton sein virginal
> Mille atomes vivants à l'heure où tu reposes,
> Naîtront deux jours après sur tes lys et tes roses.

« Les filles pas encore pubères, qui voudront couver de cette façon ne doivent mettre
dans le paquet que peu de graine et se garder
de l'enfoncer trop profondément ou de placer
la graine sur quelques autres endroits du corps,
où elle serait serrée et à la chaleur étouffée. Je
tentais deux fois inutilement de couver une pincée de graine dans le gousset de ma montre ; je
n'en pus faire éclore une seule.

« Les mêmes magnaniers couchent avec les
graines à leur côté, en le plaçant entre la couverture et le draps de dessus, auquel ils fixent
le nouet au moyen d'une épingle. Il y en a même
qui le font passer d'un jour à l'autre depuis les
jambes jusqu'à la poitrine pour augmenter la
chaleur par degrés ; d'autres les placent dans
ce dernier endroit le premier jour où si le nouet
est bien couvert les graines recevraient une chaleur d'environ 22° R. mais on les tient éloignés
d'environ 1/2 pied, et de peur que en dormant,

le couveur ne vienne à se rouler sur la graine il met les nouets dans un corbillon qu'il enveloppe de quelque linge pour les retenir en place, et dans un éloignement convenable du corps. Dans cette dernière position la graine ne reçoit que 25 à 28° R. Si cette graine était placée entre deux personnes vigoureuses, il faudrait la remuer d'heure en heure, et de plus ouvrir les nouets pour leur donner l'évent.

Comme la graine couvée de cette manière est soumise inévitablement à des interruptions de température, il est utile de prévenir que cette interruption de la chaleur, ou le passage subit du chaud au froid ne nuit pas plus à la couvée que celui qui arrive aux œufs de la poule qui les quitte pour aller prendre ses repas. L'expérience a démontré à Boissier que la graine peut supporter une chaleur violente, si elle n'est pas renfermée, et si la chaleur n'est pas de longue durée, et que les interruptions de température ne lui sont pas fatales. Une graine dans un nouet pendu en dehors d'une croisée regardant au midi recevait pendant le jour jusqu'à 45° R. et la nuit n'en recevait que 15. Malgré cet écart de température de 30°, toutes les graines se vidèrent, quoique fort à la longue. D'où l'on peut inférer qu'une faible chaleur, mais continue est plus efficace pour faire éclore, que celle qui est plus forte, et qui est interrompue.

Après quelques autres détails qui ne sont que des variantes des précédents, et malgré l'opinion d'un ancien sériculteur italien, Thomas Garzoni, qui assure « que la graine couvée sur le sein des jeunes filles réussit miraculeusement, Boissier conclut « qu'une manière encore plus sûre pour faire couver les graines, consiste à ne jamais les porter ni sur l'une ni sur l'autre partie du corps, ni la mettre à portée de ne pas avoir à se ressentir de l'effet malfaisant de la transpiration.

3° *Période de la couvée au nouét.*

« Les manœuvres précédentes deviennent plus nécessaires, lorsque la couvée tire à sa fin, ce dont on s'aperçoit au changement de couleur, qui devient d'une teinte blanchâtre ; c'est à ce moment qu'on dit que la graine s'*émeut.*

« A cette époque de l'*émotion* la chaleur étouffée est plus à craindre. Les magnaniers, pour abriter leurs graines des risques d'une température trop élevée, croient bien faire de diminuer la chaleur, qui de 25° Réaumur la ramènent à 20 et même à 15. Rien ne prouve la convenance de procéder de la sorte : le meilleur moyen de prévenir tout accident est de remuer les nouets à toutes heures du jour et de la nuit, et d'autant plus souvent que la chaleur est plus forte, d'éparpiller les graines et de les retourner en tout sens.

« Ces soins sont d'autant plus indispensables, que si dans cette circonstance on oublie pendant longtemps de toucher à la graine, lors même qu'elle n'aurait qu'une chaleur au-dessous de 20° il serait à craindre que tôt ou tard les vers fussent atteints par la grasserie, ou par les passis, particulièrement s'il survenait des temps humides. Ces deux maladies, prennent à chaque âge du ver de nouveaux accroissements, et gagnent plus ou moins promptement, selon que la saison est plus ou moins contraire.

Enfin on peut conclure, d'après Boissier, que pendant les quelques jours que dure cette période d'émotion, la graine, n'importe la température, a besoin d'être remuée et éventée plus ou moins souvent, selon le degré thermométrique auquel on la tient.

« Je n'ai vu pleinement réussir, — dit Boissier, — que les magnaniers qui portaient sur ce point l'attention jusqu'au scrupule. »

Voici le résumé de la théorie et de la pratique de Boissier.

« La coque de l'œuf du ver est par elle-même d'un blanc demi-diaphane. L'embryon qu'elle contient étant noir, et le liquide qui l'environne remplissant tous les vides, la coque paraît ordinairement de couleur gris-cendré. Lorsque la couvée a fait éliminer cette humeur par la transpiration, ou que l'embryon s'en est assimilé une partie, il se forme vers le huitième jour d'une couvée ordinaire un vide dans l'œuf. La coque n'étant plus liée par un contact intermédiaire avec l'embryon, reprend, par cela même, un peu de la couleur blanche qui lui est propre. Le ver, déjà formé, n'a plus besoin, pour éclore, que de s'ouvrir un passage à travers la coque, ce qu'il fait après s'être un peu fortifié.

Voilà pour la théorie, voici pour la pratique :

« La graine bien hivernée éclot dans les Cévennes en neuf ou dix jours, à la chaleur de 15 à 20° Réaumur, lorsqu'elle est dans la paille, et d'environ 18 à 20° au sortir de là. Cette chaleur est poussée dans la suite jusqu'à 25 ou à 28°, comme terme ordinaire. Vers le septième ou huitième jour la graine commence à blanchir ou à s'émouvoir.

« Arrivée à ce point, rien ne l'empêcherait d'éclore qu'un froid qui approcherait de la gelée et qui engourdirait le ver pour l'empêcher de travailler à sa sortie. A ce moment il n'y a qu'à soutenir la température et au besoin l'élever si on la juge trop basse pour aider les vers à éclore tous simultanément, et pour empêcher que l'éclosion ne traîne pas au-delà de deux ou trois jours.

4° *Période ou fin de la couvée.*

« On dit, en terme de l'art, que la graine *répond*, lorsque les vers commencent à éclore. C'est le moment de verser le contenu des nouets dans des minces boîtes en sapin, qui soient propres et sans aucune odeur étrangère, et dont on ait tapissé de papier blanc tout l'intérieur ; leur capacité doit être proportionnée à la quantité de graine à y mettre, en sorte qu'on y puisse étendre celle-ci à l'épaisseur d'un travers de doigt sans qu'il reste de vide. Lorsque les bords de la boîte ne sont élevés que de deux pouces (six centimètres environ) les vers naissants respirent assez librement sous le couvercle, et s'en trouvent mieux.

« La graine étant ainsi disposée on la couvre d'une mince couche d'étoupes ou d'autres filasses, sur laquelle on étend encore un morceau de gaze claire, ou de papier criblé de petits trous, pour donner passage aux vers, qui cherchent toujours à gagner le haut de ce qui les couvre.

« On couvre la boîte sans la boucher entièrement, et on continue la chaleur pour faire éclore et achever la couvée. Parmi les magnaniers il y en a qui persistent à ne donner que le même degré de température qu'ils avaient dans le nouet, tandis qu'il y en a d'autres qui l'augmentent, comme il y en a qui le diminuent. Le plus ou moins de chaleur à cette époque de la couvée n'importe que peu, pourvu que la graine ait de l'air, et que la boîte ne soit guère couverte qu'à demi.

« C'est dans la matinée que les vers à soie éclosent le plus, ni plus tôt ni plus tard que les papillons sortent de leur cocon en plus grand nombre.

« Il est essentiel — ainsi que je viens de le dire — de couvrir d'étoupes et de papier les graines placées dans les boites, pour pouvoir faire les levées à mesure que les vers éclosent, et voici le pourquoi. Ces insectes se mettent à filer aussitôt éclos, et attachent leur brin de soie à n'importe ce qui est à leur portée, et même aux graines voisines, ce qui ne manque pas d'en agglomérer une certaine quantité entre-elles. L'étoupe ou le papier percé retenant la graine en place, lorsqu'on enlève les vers, les fils qui les liaient l'un à l'autre se rompent et la graine qui a été arrêtée à ce passage reste.

« Si la quantité de vers qui sont éclos dans le nouet est d'une certaine importance il faut les secouer sur la boîte aux graines ; on les détache avec la barbe d'une plume, ou bien en leur superposant quelques bourgeons de feuille de mûrier que les vers gagneront bientôt pour peu qu'il y ait de chaleur. On porte, après les avoir ramassés, les bourgeons sur le papier criblé de la boîte, et on attend que des nouveaux qui éclosent viennent y aborder en une suffisante quantité pour faire une levée.

« Les magnaniers champêtres, lorsque le ciel est serein, exposent le matin leur boîte au soleil ayant soin de les abriter des rayons directs de cet astre, leur donnant ainsi une température de 16, 18 ou 20° Réaumur, pour faciliter les levées des jours suivants. D'autres éleveurs chauffent leur lit avec un moine, en plaçant la boîte dans un coin formé par ce calorifère.

Les levées ne traînant pas au-delà de deux jours, sont de bon augure pour la suite de l'éducation ; car on dit vulgairement : « *tard à éclore tard à tout* » Outre cet avantage que promet le proverbe il y en a encore un autre et plus saisissant de pouvoir faire les vers en compagnie, sans se donner la peine de les égaliser. Les vers qui sont prompts à éclore sont communément diligents à la mue, à la montée et au filage, tant il est vrai, qu'au physique comme au moral, tout dépend souvent d'avoir bien commencé.

§ 7

COUVÉE A L'ÉTUVE

La chaleur pour la couvée et l'éclosion des graines de vers à soie peut être empruntée à de multiples sources très-différentes et appliquée de différentes manières. Il serait donc indifférent de se servir d'une chaleur ou d'une autre, si en les appliquant, elles se prêtaient toutes à remplir les diverses conditions d'une couvée rationnelle. Boissier l'a assez dit pour que les magnaniers n'aient pas à l'oublier : il y a toujours à se préoccuper des effets de la chaleur humide et étouffée pour les éviter, et ce n'est qu'avec une attention soutenue, et des soins prompts et bien compris, qu'on peut y réussir.

Ces difficultés ont fait réfléchir bien des éleveurs et bien des savants. Entre autres sources de chaleur qu'on a cherché à exploiter, celle d'un four de boulanger a été expérimentée, en maintenant les graines à l'incubation dans l'étuve où le boulanger pétrit son pain, et le laisse fermenter. Bien des difficultés se sont présentées à l'adoption de cette idée ; aussi la couvée à l'étuve du boulanger n'a pas fait fortune. On peut se servir de l'étuve du boulanger c'est vrai, mais outre que les éleveurs n'ont pas tous ce moyen à leur disposition, les précautions qu'il faut prendre pour mener à bien, demandent une surveillance que les éleveurs ne peuvent pas tous exercer. Et puis il y a autre chose : ces étuves ne sont pas construites de manière à éviter l'étouffement de la chaleur et de l'humidité, ne présentant d'ordinaire d'autre ouverture que celle qui sert d'entrée.

Boissier qui n'a pas été long à s'apercevoir de l'inapplicabilité de ce moyen à la couvée, a dû penser à la manière de s'y prendre pour profiter du bon côté que présente l'étuve du boulanger, en cherchant à éviter les inconvénients qui lui sont inséparables.

Il a construit lui-même une étuve, qui sans contredit résumerait tous les avantages désirables, si tous les éleveurs pouvaient s'en procurer une à leur disposition. Cette considération a fait réfléchir les inventeurs, qui pour satisfaire à l'économie ont proposé divers modèles de *couveuses artificielles*, dont il sera question un peu plus loin. En attendant je redonne la parole à Boissier.

« J'ai réuni les avantages que je désirais à une étuve à couver les graines dans une petite pièce de deux mètres et demi à trois mètres de largeur, et quatre mètres environ de long. Le haut de cette pièce aboutissait au toit élevé de cinq mètres du sol, sans aucun plancher, ni soupente entre le sol et le toit. La chaleur et la fumée qui s'élevaient des deux foyers placés à chaque bout pouvaient sortir librement par le haut, soit à travers les tuiles jointes en gouttière, soit par une lucarne de petite dimension pratiquée au haut du mur des pignons. En fait d'ouverture cette petite pièce n'avait qu'une porte et une petite fenêtre qui avait un châssis de toile dormant, et un volet qu'on n'ouvrait que de temps à autre, lorsqu'il y avait quelque chose à voir ou à faire à la couvée.

« Les graines placées sur une petite claie ou éventaire dont le fond est applani d'une couche de paille brisée et couverte d'un linge, sont, suspendues à un cordon au milieu de l'étuve fixé en haut. La graine est étendue sur ce linge à l'épaisseur d'un travers de doigt. L'éventaire est placé à un mètre à peu près du sol, et couvert par une serviette ou un mouchoir, fixé à une hauteur convenable du cordon. Par le jeu d'un petit mécanisme je pouvais rapprocher lesgraines vers l'un ou l'autre des deux foyers.

Avant que de répandre de la graine sur l'éventaire, je faisais mettre le feu aux foyers, et j'amenais la température de l'étuve au 15, et jusqu'au 18° degré d'un thermomètre de Réaumur placé dans l'éventaire. Je le laissais a ce point pendant les deux ou trois premiers jours de la couvée : la température s'élevait lentement d'elle-même jusqu'au 28', à mesure que les murs s'échauffaient sans augmenter la quantité de combustible. J'arrêtais à ce dernier point jusqu'à ce que la graine *répondît*, et que j'eusse même fait une ou deux levées dessus le papier criblé, qu'on y avait mis, comme j'ai dit précédemment. Lorsqu'il y avait à peu près les 2/3 des vers éclos je donnais une chaude de 30 à 32° pendant quelques heures pour pousser les graines retardataires à éclore, et empêcher ainsi la couvée de trainer.

« J'ai déjà dit, qu'il suffit d'un à peu près, dans cette manœuvre d'amener et de régler la chaleur ; aussi quelques irrégularités que l'éleveur commettraient, ne seraient pas préjudiciables, pourvu qu'elles ne persistassent pas longtemps. Une faute commise chez moi, et qui n'a eu aucune mauvaise conséquence m'a instruit sur le degré de tolérance que présentent la graine et les petits nouveau-nés. Une couvée par mégarde fut négligée pendant une demi-heure à une température de 36° au-dessus de zéro (45 centigrades). Ce degré de chaleur qui aurait fait périr les graines au nouet fût supporté impunément par la couvée qui a servi ainsi d'expérience involontaire.

« Il n'est pas si difficile qu'on pourrait le juger de prime à bord de soutenir longtemps la chaleur désirée. Le feu de mon étuve durait 24 heures, sans presque le besoin d'y toucher. Je faisais mettre tous les matins à chaque foyer deux ou trois boisseaux de tannée sèche (*tan usé qui sort des fosses de la tannerie)* cette quantité de combustible suffisait jusqu'au matin suivant.

Dans les pays où il n'y a pas de tannée on peut y substituer de la sciure de bois, de la fiante de bœuf, dont les Chinois font usage pour chauffer leurs vers à soie, de la tourbe, du marc d'olives, du charbon de terre, du coke, etc., en un mot tous les combustibles qu'on peut se procurer au meilleur marché, et qui brûlent lentement.

« Il n'y a pas d'inconvénient de laisser refroidir l'étuve pendant la nuit ; on dort plus tranquillement n'ayant rien de fâcheux à appréhender. Pendant le jour, une fois les foyers regarnis dès le grand matin, on n'a besoin d'entrer dans l'étuve que deux ou trois fois le jour, pour remuer à chaque fois la graine, observer sa couleur et donner un coup d'œil au thermomètre (22).

(22) Parmi les sériculteurs, ceux qui par leur instruction se sont déjà émancipés de toutes les anciennes manœuvres routinières pratiquées par nos ancêtres, trouveront sans doute étrange que j'aie reproduit presqu'*in extenso* le chapitre de l'ouvrage de Boissier concernant l'incubation de la graine au nouet. Cette méthode en effet sent trop son origine adamique, et ce qui plus est, elle a été remplacée depuis longtemps par d'autres moyens de chauffage si non plus économiques au moins plus aisés, plus rationnels et plus sûrs. Aujourd'hui dans les bonnes magnaneries, l'éleveur homme ou femme soit-il, n'est plus condamné à servir de poêle, d'étuve ou de couveuse. J'aurais donc pu sauter à pieds joints ce chapitre du livre de Boissier mais quelques considérations puisées dans une note de cet éminent sériculteur à ce sujet, — considérations auxquelles le temps n'a pas beaucoup fait perdre de leur actualité — m'en ont empêché. Voici la note justificative, à laquelle j'ai cru devoir adhérer. G. L.

« Il semble que j'aurais dû supprimer presque tout ce qui regarde les couvées au nouet, et la plupart des choses qui remplissent très au long les paragraphes sur les couvées artificielles. Je m'y serais même volontiers déterminé, pour abréger, et ne m'en tenir qu'à ce qu'il y avait mieux à prescrire ; mais j'ai réfléchi que je me devais autant aux anciennes pratiques des magnaniers du pays, pour les rectifier, qu'au goût des amateurs étrangers, qni ne sont prévenus d'aucune méthode. Ces derniers adopteront sans peine celle que je leur propose sur les couvées à l'étuve ; mais les éleveurs sont trop asservis à ce qu'ils ont toujours vu faire pour s'en départir, et les patrons qui les emploient sont d'ailleurs trop habitués à leurs services pour s'en passer. Il s'agissait donc de les mettre au moins en état de donner de bons avis à ces routiniers sur leur vieille pratique de couver, et sur les correctifs qu'il y aurait à apporter. A. B.

L'importance exceptionnelle que Boissier donne à l'hibernation et à l'incubation de la graine, dans l'art séricole, ne pouvait permettre à cet habile sériculteur de songer à la concision du moment qu'il se proposait de bien faire comprendre à l'éleveur le bon et le mauvais côté des pratiques généralement suivies à son époque. Et certes il n'y a pas d'irréfutables raisons pour croire qu'actuellement ait cessé le besoin de rappeler aux éleveurs la meilleure méthode à suivre pour hiverner et faire couver la graine, j'espère donc n'avoir point mérité le reproche de prolixité inutile, si tout en m'étant proposé de récapituler plutôt que de rééditer l'ouvrage de Boissier, j'ai imité mon auteur plus que je n'aurais voulu. Et dans cette circonstance pour procéder comme lui, je terminerai cette première partie par la récapitulation que nous donne Boissier même. La voici :   G. L.

1° Avoir de la graine de bonne couleur, bien hivernée, dans un endroit tempéré, où elle n'ait pas été longtemps entassée, et qu'on ait garantie des chaleurs qui surviennent quelque fois à la fin de l'hiver et au commencement du printemps ;

2° Ne mettre couver que vers le temps, où, années communes, il ne gèle plus ;

3° Ne mettre que peu de graine dans chaque nouet, afin qu'elle se trouve au large ;

4° Ne pas presser la couvée, quelqu'avancée que soit la feuille du mûrier et graduer la chaleur de façon qu'elle croisse de jour en jour d'après environ le 15 R. jusqu'au 28 ;

5° Enfin, éviter avec grand soin de donner à la graine une chaleur étouffée ou renfermée ; et pour cet effet la remuer, la retourner de temps à autre, ouvrir plus souvent le nouet ou le linge, à mesure que la couvée avance et surtout lorsqu'elle est à la veille d'éclore. (A. B.).

SECONDE PARTIE

CHAPITRE Ier

ÉDUCATION PROPREMENT DITE
DES VERS A SOIE

L'éducation des vers à soie qu'on pourrait appeler avec plus de précision *Sérotrophie* commence du moment où l'insecte sort de sa coque, et finit lorsqu'il est assez mûr, pour monter à la bruyère. La durée de cet animal à l'état de larve est plus ou moins longue ou courte, selon le degré de chaleur du milieu dans lequel il vit et le régime alimentaire qu'on lui impose. Dans le courant de la vie de cette larve, on ne constate rien de particulier que de changer de peau à des intervalles indéterminées, trois ou quatre fois, selon la race à laquelle elle appartient, changement de peau qu'on dénomme en sériculture *mues*. Et c'est d'après le nombre de ces mues qu'on sépare en quatre ou cinq périodes la durée de la phase de la larve.

Ces périodes ou *âges*, comme on les appelle, le premier commence à la naissance et le dernier finit au point où débute la chrysalidation de la larve.

Dans la race de vers, cultivés ordinairement, on constate donc quatre *mues* et cinq *âges*.

Dans le langage ordinaire on ne distingue que les mues, et l'ordre qu'elles suivent, et non la période qui s'écoule de l'une à l'autre ; ce qui est sujet à équivoque. Pour éviter les méprises, il conviendrait se servir de préférence du mot âge plutôt que de celui de mue, pour signaler la vraie période de la vie de la larve, et de ne tenir compte des mues que comme des compléments de la période qui les précède et du commencement de la période qui les suit. La mue sert de pont pour passer d'un âge à l'âge suivant, mais ce n'est que lorsqu'on a traversé ce pont que l'âge change de numéro.

§ 1er

PREMIER AGE DES VERS A SOIE

« On augure bien ou mal de la réussite des vers à soie selon la couleur qu'ils portent en naissant. De ces couleurs on en constate de trois espèces savoir : le *roux*, le *cendré* et le *noir*. Ces diverses nuances ne tiennent pas à vrai dire à la peau, mais aux poils qui couvrent le nouveau-né.

« Ces couleurs ne constituent pas des variétés ou des espèces de vers, mais elles sont la conséquence du plus ou moins de chaleur que les œufs ont eu à la couvée.

« La couleur *rousse* est la plus décriée parmi les magnaniers ; mais comme ces braves gens donnent pour raison l'influence exercée par la pleine lune, et ce qui plus est. parce que cette pleine lune à son lever se montre de cette couleur, on ne perd rien à ne pas en tenir compte.

« Boissier dit, qu'il y a eu quelquefois des vers de cette couleur à la naissance, parce qu'il avait poussé à dessein la chaleur de la couvée au delà de 30° Réaumur. Ces vers réussirent cependant très-bien. D'autres sériculteurs ont réussi également, dans bien des cas où la pousse rapide des mûriers les avaient obligés de forcer la chaleur de leurs couvées. L'excès de la chaleur n'est donc pas nuisible, pourvu qu'il ne soit pas de longue durée et qu'elle ne soit pas étouffée.

« La couleur *cendrée* des vers à soie passe avec raison pour être bonne, si elle n'est même la meilleure. Les vers de cette couleur indiquent que leur couvée s'est accomplie à 25 ou 30°.

« Enfin, la couleur *noire*, qui est la couleur naturelle, et dont quelques magnaniers s'en contentent, est celle des vers éclos d'une couvée spontanée ou presque spontanée. On ne doit faire aucun compte sur des vers coloriés en brun foncé, tirant sur le noir. Ils traînent à la naissance, aux mues et à la montée où ils n'arrivent qu'avec peine, après s'en être perdu plus d'une moitié en route.

« Si la couvée a été bien faite, toutes les couleurs sont bonnes. Ce qui importe le plus c'est de bien soigner les vers dès le premier âge. Les soins demandés à cet âge sont très-pénibles ; mais la peine qu'on prend à cette époque est compensée par la suite, et c'est de ces premiers soins que dépend en partie le succès de l'éducation.

« Le premier soin à avoir c'est, dès que les vers commencent à éclore dans la boîte en une certaine quantité, de placer sur le papier criblé les bourgeons entiers et les plus tendres, tels que ceux de jeunes sauvageons. On range les bourgeons sur le bord de la boîte pour arrêter les vers qui tendraient à s'éparpiller. Lorsqu'ils ont une chaleur suffisante et qu'il n'y a que peu de graine on peut se contenter de cette bordure, qui doit laisser quelques vides de l'un à l'autre bourgeon.

« Les vers à soie, dès qu'ils sont éclos, tra-
versent l'étoupe et s'échappent ; rien n'est
capable de les arrêter que la feuille de mûrier
qui les attire à des distances plus ou moins
grandes selon qu'ils sont excités par la chaleur.
Une fois sur la feuille ils s'y fixent, et ne pas -
sent outre. Quoique Vida ait dit :

Ulmea per silvas, et summa cacumina carpat ;
Ilis etenim arboribus multum est affinis origo.

Toutes les feuilles qu'on a préconisé comme suc-
cédanées à la feuille de mûrier ne peuvent servir
qu'à amuser les vers sans les attirer ni de près
ni de loin, et sans les faire croître. Mais comme
les vers peuvent impunément jeûner pendant
plusieurs jours, pourvu qu'ils n'aient pas trop
de chaleur, il vaut mieux les faire attendre si la
feuille de mûrier venait à manquer pendant
quelques jours seulement.

« Pour faire la première levée on attend que
les bourgeons placés dans la boîte soient bien
garnis de vers. Ces bourgeons ainsi chargés se
transportent tout doucement au beau milieu
d'une petite claie, ou d'un carton, ou d'un ta-
mis, en les tenant l'un distant un pouce des
autres ; avec la précaution de tapisser le fond
de la claie, ou de tout autre engin d'une feuille
de papier gris ou d'emballage.

« Toutes les levées d'un jour doivent être
mises ensemble, pour ne pas multiplier les classes, et les soins dirigés à obtenir l'égalisation la
plus parfaite possible. Il est bon dans une couvée considérable de faire autant de classes qu'il
y a de jours de naissance et de conserver jusqu'au bout cette inégalité pour ne pas être obligé
au moment de la montée de ramer tout en un
jour, ce qui serait très-embarrassant et parfois
impraticable. Cependant si les couvées ne sont
que de trois ou quatre onces ce serait vouloir

prolonger inutilement et compliquer le travail, que de multiplier les classes : il suffit d'une seule qui comprenne les levées de deux jours et même de trois. Dans une couvée bien réussie les vers éclosent ordinairement dans l'espace de deux jours. On ne doit pas rejeter cependant ceux qui n'éclosent que le troisième jour, si les graines ont été rares et chères et si la feuille est à bon marché.

Pour obtenir une parfaite égalité d'âge on aura soin de mettre à part les derniers vers éclos, pour les faire vieillir, au moyen d'une augmentation de chaleur et de repas plus fréquents relativement au degré de chaleur et à la quantité de repas qu'on donne aux premiers nés. En mettant et en tenant la petite claie qui contient les plus jeunes vers plus près de la source de la chaleur si c'est un foyer ou un poêle, ou aux plus hauts rangs si les claies sont superposées les unes aux autres, et en leur donnant un ou deux repas de plus par jour on obtiendra en deux ou trois jours de la mettre au niveau des plus âgés.

L'égalisation de l'âge dans les vers nouveau-nés, étant de la plus grande importance pour l'éleveur, dans plusieurs magnaneries il existe un meuble appelé porte-clayon, construit à peu près comme les grands bâtis sur lequel les vers sont transportés à leur troisième âge pour y rester jusqu'à la montée au bois. Ce meuble fort simple et très-léger est transportable ou fixé au mur. On peut le rapprocher ou l'éloigner de la source de chaleur, le tourner dans un sens ou dans un autre, à volonté selon qu'on a à chauffer des clayons en retard ou à ralentir la marche des vers précoces. Une fois obtenu le résultat désiré, c'est-à-dire d'avoir mis tous les clayons de vers au même niveau il faut tenir tous les clayons à la même température, et cela s'obtient en déplaçant et replaçant ces clayons de manière à les exposer chacun à leur tour dans l'endroit le plus près de la chaleur. Ainsi ceux placés en haut du bâti, sont descendus à la place de ceux placés en bas qu'on monte, changeant ainsi de place tour à tour.

C'est sur ces porte-clayons qu'on maintient les vers non-seulement tout le premier âge, mais jusqu'à la seconde mue inclusivement.

Il faut éviter à cette époque de la vie de l'insecte le froid qui ferait retarder leur croissance, les empêchant de se nourrir. Si l'appétit vient à leur manquer, faute de chaleur, pour un seul jour, leur mue en est retardée de deux dans tous les âges. Les magnaniers comptent toujours là-dessus, et ne s'y trompent pas. Ces petits animaux ont besoin de chaleur, surtout dans leur jeunesse. Moins ils ont chaud, et plus ils prolongent leur existence qui peut aller jusqu'à 50 ou 60 jours. — Par contre, Boissier en tenant une année ses vers pendant les deux premiers âges à une température d'environ 30° R. Ces vers réussirent très-bien et commencèrent à filer dès le 24ᵉ jour de leur naissance. Les bons magnaniers tiennent cependant dans les temps ordinaires le juste milieu entre ces deux extrêmes.

Encore une fois rappelons aux apprentis que la chaleur doit être donnée aux vers avec toutes les précautions voulues pour que cette chaleur ne leur soit préjudiciable, et elle le serait inévitablement si la magnanerie ne présentait pas d'issue pour favoriser la circulation de l'air. Les vers atteints par une forte chaleur et renfermée contractent la prédisposition à des maladies, qui se manifesteront dans un âge plus avancé : V. *Maladie des passis.*

« La précaution principale à avoir c'est de conformer à la hauteur du plafond l'intensité de la chaleur qu'on donne aux vers à cette hauteur. Généralement il faut très-peu de chaleur dans une petite chambre et sous un plancher bas et bien bouché ; il en faut davantage sous celui qui est plus élevé et plus percé (23).

(23) A propos de cette grave question qui se rattache au degré de l'élévation de température la plus utile à donner aux vers, au point de vue de leur état sanitaire et des convenances industrielles, Boissier nous raconte un épisode de sa pratique que je crois bon de faire connaître à mes lecteurs :

« Au défaut d'un réduit aussi sain et aussi commode que je l'avais désiré, je pris le parti une année de laisser mes vers pendant leur jeunesse dans l'étuve où je les avais fait couver et éclore. Je m'y déterminai étant pressé par la pousse de la feuille. Je donnai à mes vers environ 32° R. de chaleur aux deux ou trois premiers jours de leur naissance, et environ 28 pendant le reste du premier et du second âge.

« Mes vers parcoururent la première période de leur vie en neuf jours y compris le temps employé pour accomplir la première mue. Malgré les plus défavorables pronostics de mes amis et connaissances tout alla au mieux et j'eus au grand étonnement de tous mes voisins une abondante récolte.

« Ayant répété par la suite la même expérience sur une autre éducation, mais à une température moins élevée, c'est-à-dire en ne donnant au 1er âge 27 à 28° R. et 24 à 26 au deuxième, j'obtins d'abréger le 1er âge comme j'avais obtenu à ma première expérience, et le même résultat final à la récolte. Je fus ainsi amené à songer que peut-être il y a un degré de chaleur, au-delà duquel on ne peut plus abréger la durée de l'éducation de l'insecte, quelque chaleur qu'on lui donne. Il faut cependant que je fasse remarquer que mes vers avaient eu dans l'une comme dans l'autre expérience un égal nombre de repas, et chacun d'une quantité de feuille à peu près pareille.

« Mais ce qu'il y a de plus singulier encore c'est que les vers ainsi hâtés aux premiers âges n'employaient que cinq jours d'une mue à l'autre dans les deux âges suivants, quoique maintenus à 20 22° de température, tandis que les vers non poussés aux premiers âges mettent 7 à 8 jours d'une à l'autre mue c'est-à-dire au 3e ou 4e âge. — Il semble donc qu'il suffise d'avoir mis ces petits animaux en train d'aller, pour qu'ils suivent d'eux-mêmes la première impulsion qu'on leur a donné.

« Cette impulsion qui opère une croissance aussi rapide donne à ces insectes une vigueur et une activité qu'ils portent pendant tout le reste de leur vie, ce qui présente l'avantage de prévenir bien des maladies, et d'abréger le temps et la peine du magnanier.

« Cette méthode qu'on pourrait appeler impulsive demande pour être appliquée avantageusement : 1° que la graine soit mise en incubation huit à dix jours plus tard de l'époque où les magnaniers sont habitués à la mettre ordinairement ; 2° que l'éleveur s'arrange de façon, que la fin de l'éducation tombe au temps que la feuille a pris toute sa croissance et que la mûre commence à mûrir ; 3° que le local où on veut employer cette méthode soit disposé de manière à pouvoir l'aérer à volonté, ce qui implique des ouvertures en haut pour la sortie de l'air (Pour ce qui concerne la manière de s'y prendre pour nourrir les vers hâtés et les avantages économiques qu'on réalise. V. *quelques alinéas après dans le texte*). A. B.

L'éducation hâtée a fourni le sujet de quelques articles que le *Moniteur des soies* a publiés dans le courant de 1878 et qu'on a réimprimés sous forme d'une brochure monographique qui porte mon nom, et a pour titre : *Éducation hâtée des vers à soie*. Le médecin en chef de l'Hôtel-Dieu de Chambéry, M. Carret dans sa brochure *poêles hygiéniques* cite bon nombre d'éleveurs qui outre s'être bien trouvés de l'emploi des poêles Carret, ont eu aussi à se louer de l'éducation hâtée comme plus économique, et partant plus rémunératrice.

Si j'ai mis en note cette méthode d'élever les vers à soie, que Boissier propose comme très-justifiée par son expérience, sans cependant la préconiser avec toute l'assurance d'un novateur, c'est que j'ai cru cela faisant, de mieux attirer l'attention du lecteur sur un sujet qui peut l'intéresser, particulièrement dans l'état précaire de la sériculture réduite aujourd'hui à épuiser tous les moyens même chanceux pour économiser les frais de sa production. Dans le cas où on n'aurait pas encore expérimenté l'éducation hâtée sur les vers tréottins — ce que j'ignore — aucune considération ne m'empêcherait de recommander cette expérience à tout sériculteur placé dans les conditions favorables à pouvoir impunément se préoccuper du bien public. G. L.

« La fumée n'est pas nuisible aux vers. Quoiqu'elle soit toujours accompagnée, lorsqu'elle est renfermée — d'une chaleur qui l'est également, — ce mélange n'est pas à craindre, lorsqu'il peut s'échapper en liberté, ou se répandre dans un grand espace. On peut en dire autant de la vapeur de charbon de bois — gaz-acide carbonique — que le magnanier doit encore plus redouter pour lui lorsqu'elle est renfermée dans un petit espace. Du reste voulant se servir d'une brasière de charbon de bois, prudence veut qu'on l'allume d'avance au grand air.

« La chaleur du feu, plutôt que celle de l'atmosphère excite l'appétit des vers et les fait croître. Elle les fait vivre beaucoup en peu de

temps, de façon à parcourir en un court intervalle les différentes périodes de leur vie et de
leur travail. Il est seulement à tenir compte que
la chaleur, en aiguisant l'appétit, le vers est obligé
d'y satisfaire sous peine de s'étioler et se dessécher, attendu qu'avec l'appétit la chaleur excite
encore une abondante transpiration que rien ne
remplace. La chaleur et la nourriture doivent
donc aller de pair particulièrement dans l'éducation hâtée et c'est d'après le degré de chaleur
que le nombre de repas doit se mesurer. Ainsi, la
règle générale est de servir les repas d'après l'appétit des vers, ou de ne leur servir de nouvelle
feuille que lorsqu'ils ont achevé de manger la
première, si elle n'est pas d'ailleurs altérée dans
sa qualité.

« Il n'est pas à croire cependant que dans les
éducations ordinaires il faille faire observer aux
vers à soie un régime aussi copieux que lorsqu'ils
vivent dans une haute température. Les vers,
placés à une chaleur modérée présentent des
intervalles d'inaction, pendant lesquels ils dor-
ment, ou plus probablement ils digèrent. C'est
de là qu'on a pu apprendre à régler le temps et
le nombre de ses repas pour se rendre maître
de la durée de sa vie et du temps auquel on
doit fixer sa vieillesse et la fabrique de son
cocon.

« Pour les vers des premiers âges on choisit
la feuille la plus tendre, la plus mollette et toujours cueillie du jour, ou même deux fois par
jour. La feuille trop avancée a une consistance
qui n'est pas proportionnée à la délicatesse de
l'estomac de l'insecte et en tue souvent un grand
nombre : il n'y a que les plus vigoureux qui résistent. On donne la préférence à la feuille de
la pourette, ou de jeunes sauvageons de pépinière, plus hâtive, plus tendre, plus délicate que
celle des vieux mûriers ou des greffés. Les vers
dédaignent la feuille flétrie : leurs dents, qui

fonctionnent comme des ciseaux éprouvent la même difficulté qu'on éprouve à couper du papier brouillard dégommé, ou mouillé.

Un excellent usage consiste à couper la feuille en menus fragments pour pouvoir la répandre plus également sur les vers, qui par ce moyen peuvent manger sans se déplacer, et manger également, et partant croître aussi de même. On évite ainsi l'inconvénient inhérent à la feuille non coupée, qui n'est jamais mangée en totalité, ce qui en cause une perte.

D'ailleurs en coupant la feuille on présente aux vers une plus grande quantité de bords et c'est par là qu'ils l'attaquent le plus souvent. A mesure que les vers grossissent on fait les morceaux plus grands, et passé la seconde mue, on leur donne, dans les âges suivants, la feuille entière, telle qu'on la cueille. Les personnes chargées de ce soin, ou de la di.tribuer, doivent se garder en tout temps, de manier des malpropretés ou d'une odeur trop forte, qui puissent dégouter les vers.

« Ainsi, comme je l'ai déjà dit, il faut régler le nombre et la dose des repas sur la chaleur de la magnanerie, parce que les vers se morfondraient si on ne leur servait pas assez à manger quand ils ont bien chaud, et qu'on gaspillerait la feuille si on leur en donne trop par une chaleur médiocre et partant peu ou point d'appétit. Voici sur cela la pratique ordinaire et celle que je suivais moi-même.

« Chaque magnanier, il est malheureusement vrai, règle les repas de ses vers à son idée sans la plupart du temps, donner des raisons suffisamment justifiées de sa manière de procéder.

Depuis le magnanier cité par Boissier, qui, avec une température d'environ 15°, ne donnait qu'un seul repas par jour au premier âge jusqu'à la pratique des Chinois qui, d'après du Halde, en donnent à leurs vers un toutes les demi-héures, pendant le premier jour de la naissance, mais n'en donnent qu'un par heure le jour après, Boissier arrêtait les repas pour le premier jour, à un léger de deux heures en deux heures avec une chaleur de 27 à 28° Réaumur. Il en donnait la moitié moins le jour suivant où la chaleur était moindre, en se tenant à cette même quantité de repas pour le reste de l'éducation hâtée, en augmentant toutefois de jour en jour la dose, à mesure que les vers croissaient en âge et en appétit.

A l'égard de la dépense de la feuille que les vers peuvent faire pendant toute l'éducation, et de la quantité de combustible, Boissier compte qu'on y gagne trois ou quatre quintaux de feuille (150 à 200 kilos de feuille), pour chaque quintal (50 kilog. de cocons qu'on récolte, et que le surplus de dépense du combustible, diminue tout au plus le quart du profit qu'on fait sur la feuille dans l'éducation hâtée.

« Revenons aux procédés ordinaires d'éducation et aux règles générales suivies par les magnaniers habiles dans leur profession.

« Lorsque les vers sont fort jeunes, et qu'ils sont suffisamment clairsemés, il ne faut pas répandre la feuille au-delà de l'aire qu'ils occupent pour éviter leur éparpillement qui fait perdre beaucoup de feuille et qu'il y a beaucoup de peine à les resserrer particulièrement aux derniers âges. Il faut leur empêcher de toucher les bords de la claie, et cela ne s'obtient qu'en maintenant libre une liserée vide entre la litière et le bord et profitant ainsi de la répulsion instinctive que présente cet insecte à quitter les débris de ses repas. De cette manière on est maître du champ qu'on veut leur donner.

Si lorsqu'on ne donne pas assez de chaleur, les vers à leur troisième âge ne consomment pas toute la feuille qu'on leur donne, on pourra retourner et remuer la feuille du dernier repas, tout en ayant soin de leur exciter l'appétit en réveillant en même temps le feu des foyers.

« Un quart d'heure après avoir administré la feuille, il faudra vérifier s'il y a des clarières, c'est-à-dire des endroits où la feuille ait été trop clair-semée pour en jeter de nouvelle aux vers qui en ont manqué. Cette attention contribue beaucoup à mettre l'égalité qu'on désire dans la taille et la grosseur de ces insectes.

Si après tous les soins qu'on a pris pour répandre uniformément la feuille, afin de favoriser la simultanéité de leur croissance, les vers viennent cependant à s'entasser l'un sur l'autre, il restera à examiner si cet entassement provient de l'inclinaison ou de la claie qui les supporte, ou du froid qu'ils endurent, ou finalement de la chaleur et de la lumière qui viendraient plus d'un côté que d'un autre.

« En tout âge les vers à soie ont une tendance manifeste à se porter à la partie déclive de la surface où ils se tiennent ; si les claies penchent d'un côté peu à peu l'un après l'autre ils descendront tous et s'aggloméreront en bas de la claie. Dans ce cas, pour obtenir qu'ils s'arrangent uniformément on n'aura qu'à placer la claie horizontalement. Si c'est le froid qui les fait serrer les uns contre les autres, et se mettre en pelotes, il conviendra de faire du feu pour les réchauffer, avant de leur donner à manger. La chaleur et la lumière qui ne viennent que d'un seul côté produisent le même effet, c'est-à-dire entassent les vers dans un seul endroit. On a fait la remarque que la chaleur attire nos jeunes insectes, et que la lumière les fait fuir, à moins pourtant que la chaleur ne concoure avec la lumière, dans lequel cas la chaleur l'emporte : les vers vont se rassembler dans la partie de la claie la plus chaude, quoique la plus éclairée.

« Quoiqu'il en soit de cette aversion des vers

à la lumière, quelques magnaniers ont reconnu
que leurs vers réussissaient mieux dans l'obscurité qu'au grand jour, et que s'il y en avait
des morts et des malades dans une chambrée,
ils étaient plus fréquents dans les endroits les
plus éclairés et vis-à-vis d'une fenêtre.

« Les plus habiles magnaniers bouchent entièrement le jour à leur petit bétail, et ne les
soignent pendant toute l'éducation qu'à la lueur
d'une lampe. C'est une pratique que j'ai suivie,
et dont je me suis trouvé très-bien : je n'hésite
donc pas à la recommander.

Si cependant on voulait éviter la petite dépense en huile, on pourrait avoir un volet dont
on profiterait pendant le temps seulement où
l'on aurait à faire à l'atelier, prenant le jour à
travers un châssis dormant garni de toile, sur
lequel on fermerait le volet immédiatement
après.

« En bouchant toutes les grandes ouvertures
par où peut venir le grand jour sans boucher
cependant celles de l'air, on a l'avantage de
faire aux vers à soie un climat particulier praticable en toute localité où croît le mûrier. On
peut de cette manière mieux régler plus à son
gré la température dans des temps pluvieux,
dans des pays humides, marécageux, où l'on a
à craindre les intempéries de toute sorte, par
suite desquelles, les éducations faites sans y
avoir égard réussissent ordinairement mal.

« Si malgré toutes les précautions prises
pour empêcher les vers de s'entasser, ce qui ne
leur permet pas de prendre une nourriture
égale, on constate qu'ils soient encore serrés,
ou se tenant les uns sur les autres, c'est le cas
de les éclaircir pour leur donner plus d'espace.
Cette opération est indispensable à tous les
âges, et devient de jour en jour plus nécessaire
à mesure que ces insectes vieillissent, surtout
lorsqu'on a peine à se garantir de la chaleur du

dehors. J'indiquerai par la suite dans quel temps il convient de les éclaircir : il suffira de dire ici d'avance que c'est une très bonne marque que d'être obligé de le faire tous les jours dans le premier âge et à une chaleur d'environ 20° R. et deux fois par jour même à une plus forte.

« S'il est facile d'éclaircir les vers à un âge avancé, il faut quelques ménagements aux deux premiers. On réussit cependant à en enlever de dessus la couche supérieure de la litière la quantité qu'on désire, en se servant d'une longue épingle émoussée qu'on passe sous la couche de feuilles du dernier repas qui sépare aisément des couches précédentes. Au lieu d'une épingle, on pourra se servir d'une buchette aiguisée ou d'un cure-dent. En pressant mollement de l'index de la même main les vers qui sont sur la buchette on en enlève de grands paquets du milieu des endroits où ils sont plus entassés. On les transporte çà et là, sur les clairières ou bien sur les bords de l'aire, si le milieu est suffisamment garni de vers, et qu'il soit besoin seulement de donner à l'aire plus de champ ou d'étendue. On agit de même lorsque les vers, sans être en tas, sont cependant par trop serrés. Si le clayon est trop petit d'un on en fait deux toujours au moyen de la buchette. Ensuite on jette un repas de feuille sur les pleins et sur les vides de deux clayons, non compris les bords de ceux-ci. Les vers se répandront également. On fera de nouveaux clayons en dédoublant ceux qui seraient plein jusqu'aux bords, en faisant toujours attention de les disposer de manière à ce que entre la lisière et les bords il reste toujours un espace libre.

« S'il est indispensable d'éclaircir les vers, lorsqu'ils sont trop serrés, il ne faudrait pas cependant les laisser trop clair-semés ou éparpillés. Si l'on ne les tient pas rassemblé à cet âge, ou ce qui revient au même, si l'on donne trop d'étendue à la litière, on a des peines infinies pour les élever et les amener jusqu'aux âges suivants. On comprend qu'il y a un miliou à garder contre le trop et le trop peu. — Voici la donnée dont on peut se servir pour éclaircir à peu près convenablement les vers au premier âge. Qu'on suppose que pour occuper l'espace que les vers doivent avoir ils fussent placés à côté l'un de l'autre, et à la distance l'un de l'autre, de l'épaisseur d'un de leur corps. Cet espace doit croître de l'un à l'autre, et d'un âge à l'autre dans une proportion arithmétique : en sorte que au second âge il y ait entr'eux deux épaisseurs de corps, trois au troisième et ainsi des autres, ou pour tenir un langage plus intelligible je dirai que les vers issus d'une once de graine doivent dès leur éclosion, remplir un carré de papier d'emballage long environ 15 pouces sur 12 de large, et cette même quantité de vers arrivés à la première mue doit remplir au moins un clayon mesurant trois fois le carré de papier susdit. Ce rapport est dit-on triple aussi au bout du second âge et au commencement du troisième, dans lequel un seul clayon doit fournir assez de vers pour en garnir trois. Il est cependant seulement double aux âges suivants, dans la meilleure réussite.

« Ce produit d'une once de graine on pourrait l'appliquer à celui de plusieurs onces, mais le rapport, aussi bien qu'on réussisse, diminue à mesure que l'éducation augmente, ou est plus nombreuse ; s'il y a un décroissement de plus dans le nombre des vers pour les deux derniers âges, il est à tenir compte, qu'étant devenus plus gros il leur faut plus d'espace entre eux, et une plus grande place à chacun ; et pour cela même il est plus difficile de leur procurer un climat artificiel aussi sain, comme aux premiers âges et de les garantir de l'humidté et de la chaleur du dehors devenue plus forte,ainsi que des intempéries.

« Tant bien qu'on réussisse dans les éduca-tions d'une certaine importance une moitié de vers se perd, soit en éclosant, soit en n'arrivant pas à faire le cocon. Il est bien rare qu'on dé-passe de beaucoup les 50 kil. de cocons par once de graine : l'ordinaire est plus ou moins moindre, et les rendements parfois sont si piè-tres que l'éleveur est obligé de se contenter de la moitié — et même trop souvent moins — de ce que une once de vers pourrait donner si chaque ver produisait son cocon.

Les parties les plus consistantes de la feuille, auxquelles le ver ne touche pas, et les crottins restent sur la claie, jusqu'à ce qu'on les y laisse, pas toujours sans inconvénients plus ou moins graves pour l'insecte. La quantité de ces débris de feuille, et la qualité des déjections devien-nent plus considérables dans la circonstance où le magnanier administre plus de feuille, que l'appétit du ver n'est pas excité par suite du peu de chaleur dans la magnanerie. Avec un peu de manque d'attention l'éleveur est obligé de s'apercevoir que la litière s'épaissit à vue d'œil, et avec l'épaississement de la litière, tous les mauvais effets d'émanations putrides fort préjudiciables et d'autant plus promptement si la mauvaise qualité des crottins y concourt. Le remède pour prévenir tout mauvais effet est celui de déliter le plus fréquemment possible. Si l'épaisseur de cette litière arrive à être de deux travers de doigt, et qu'en y posant dessus le dos de la main on la trouve humide, il ne faut plus différer, ni attendre qu'elle moisisse.

« La meilleure manière de s'y prendre pour sortir la litière, c'est d'enlever les vers, qui y sont dessus, et cela s'obtient en leur servant un repas de feuille entière sur laquelle ils se précipiteront si la température est assez élevée.

On aura soin de changer les clayons sur lesquels on transportera les trochets de feuille qui en sont chargés. Ces trochets seront disposés sur le nouveau clayon de la manière indiquée précédemment. Ce qu'il y a de mieux à faire pour éviter l'éparpillement des vers qu'on transporte, c'est de jeter sur l'aire qu'ils vont occuper, un repas de feuille hâchée disposée ainsi que nous l'avons dit. Si l'on s'aperçoit que les vers n'aient pas tous grimpés sur les feuilles qu'on leur a présenté on pourra les ramasser en plissant la litière dégarnie, de façon que les plis produisent des éminences et des enfoncements, et ensuite en jetant un peu de feuille sur les convexités des plis, où les vers vont se rendre, si le clayon a une chaleur suffisante. Il n'y a plus qu'à attendre quelques instants pour donner le temps aux petits vers de se décider, et ensuite à enlever la feuille qui porte ces retardataires avec leurs camarades.

« On délite plus vite, et sans plus de peine en *châtrant la litière*, c'est-à-dire en la prenant à deux mains par les deux bouts du clayon pour la soulever à la fois, et faisant en sorte de ne pas la déchirer : on rabat alors une moitié sur l'autre en pliant toute la litière en deux après avoir mis dans l'intérieur des plis une feuille de papier lissé. De cette manière une moitié de la litière se présentant par son revers, ou par sa couche inférieure, on peut séparer aisément la moitié des couches pour l'enlever. Cela fait, on remet cette moitié à sa première place en la prenant à deux mains par dessous le papier lissé, et l'on opère de même sur l'autre moitié.

« Les matières qui composent la litière sont plusieurs lits de feuille de chaque repas séparables l'une de l'autre. Ces parties sont liées cependant entre elles dans les premiers âges, soit par l'affaissement, soit par les fils de soie

que les jeunes vers y ont attachés, ce qui donne la facilité de les séparer pour peu qu'on y apporte d'attention et d'adresse. C'est un bon signe de trouver la litière bien garnie de ces fils dans les premiers âges.

« Dans les bonnes éducations ordinaires on se contente de châtrer une ou deux fois la litière selon le besoin d'une mue à l'autre pendant les deux premiers âges, et ne l'enlevant entièrement qu'après la mue à moins qu'on ne donne une forte chaleur comme dans l'éducation hâtée pendant laquelle je n'ôtais pas du tout la litière (la chaleur la desséchant et la rendant ainsi tout à fait inoffensive).

La *mue* est toujours précédée par un redoublement d'appétit qui croît à chaque âge proportionnellement à la grosseur du ver, et qui commence à chaque fois par degrés, et qui finit de même. Lorsque cet appétit est arrivé à son plus haut diapason, le ver mange en un jour autant et plus que dans tout le reste de l'âge, s'il est bien secondé par la chaleur et la dose des repas.

« Ce moment de grand appétit est appelé *Petite freze* pour la distinguer de la *Grande freze* ou *du dernier âge*.

« La petite freze du premier âge dure un jour, celle du deuxième un jour et demi ; celle du troisième deux jours ; celle enfin du quatrième environ trois jours ; à proportion toujours de la chaleur du local et du nombre, comme de la dose des repas et de la santé dont jouissent les vers.

« Le ver à soie pendant la freze ne mange pas seulement beaucoup plus, mais mange aussi plus vite. On dirait qu'il est pressé de finir un repas pour qu'on lui en serve vite un autre, et plus copieux. Il faut donc que l'éleveur augmente la dose des repas ou le nombre à la volonté du ver.

« La mue qui sépare un âge du suivant n'est pas un sommeil, ni un temps de repos : loin de là ; c'est un état de langueur apparente pendant lequel le ver se dépouille d'une peau qui ne s'étendant plus proportionnellement à son grossissement le gênerait énormément et l'étranglerait, ou l'étoufferait s'il ne réussissait à s'en défaire. Il y va de la vie, s'il peut venir à bout. Cet état revient au ver à quatre mues quatre fois avant qu'il se mette à filer, et deux fois au dedans du cocon.

« La freze cessant, le ver commence tout de suite à muer. Ce qui se passe sous la vieille peau, dont il a besoin de se débarrasser, lui ôte peu à peu l'envie et le pouvoir de manger et de marcher. Dès qu'on s'en aperçoit on retranche la dose des repas graduellement pour ne pas augmenter inutilement la litière. Enfin il arrive le moment où il cesse entièrement de manger. C'est alors qu'il s'occupe à filer une bave blanche très-déliée, et qui est destinée à le garantir des chûtes et lui faciliter la sortie de la peau qu'il doit quitter, et cela en la fixant au moyen de ces fils à un corps quelconque qui se trouve à sa portée. Il en attache les brins partout aux environs et autour de son corps pour en retenir la peau en arrière, lorsqu'il se portera lui-même en avant.

« Le ver à soie étant amarré de la sorte — sa tête, déjà déridée à la freze commence à s'enfler — il la tient élevée et ordinairement immobile comme le reste du corps ; elle a quelque peu de transparence, mais moins aux deux premières mues qu'aux suivantes : son museau paraît plus pointu et plus allongé. Cette partie à laquelle tiennent les dents et les yeux et qui termine la tête est une écaille faite en calotte, qui tombe séparément de la peau, et qui se refait comme elle à chaque mue.

(Arrivé à ce point Boissier entre dans une

série de détails concernant le mécanisme de ce
travail métamorphosique à l'aide duquel le ver
se débarasse de sa calotte et parvient à se débarrasser de sa peau, pour apparaître mis tout à
neuf et recommencer un autre âge. Je crois
pouvoir m'exempter de reproduire ce passage,
qui ne se rattache d'aucune manière à l'instruction manœuvrière des éleveurs apprentis.)

« Pour éviter les inconvénients que laissent
les traîneurs — c'est ainsi qu'on appelle les vers
qui retardent à muer, pendant que le gros lot
cesse de manger pour s'y mettre, — il conviendra de déliter les vers à la veille de la mue, en
les éclaircissant par la même occasion en sorte
qu'ils occupent moitié plus d'espace qu'auparavant. J'ai fait usage avec succès de cette pratique
non-seulement dans les derniers âges, mais
même dans les premiers, lorsque je faisais des
éducations à la chaleur ordinaire, c'est-à-dire
de 16 à 20° — mais non dans les éducations
hâtées, car dans celle-ci, ainsi que je l'ai déjà
dit — je ne changeais la litière ni au premier ni
au second âge pas même pour la mue.

« La pratique de déliter à la veille de la mue,
qu'on doit regarder au moins comme utile,
nuirait cependant aux vers à soie, si elle était
différée trop longtemps, où jusqu'à ce qu'ils
eussent amarré leur peau avec les fils qui la
retiennent, car l'engourdissement qui survient
à cette opération ne leur permettrait pas d'en
filer de nouveau, ce qui les empêcherait de
muer.

« Avant que le museau ait commencé à se détacher, quoique il se tienne immobile, le ver, en
cas de rupture des fils, en file de nouveau, et
se dépouille. C'est donc un préjugé que de
croire qu'on puisse nuire à la mue en changeant
de litière, lorsque les vers ont commencé à
s'aliter.

« La température de l'atelier pendant la mue

n'est pas une chose indifférente pour aider les vers à soie à se dépouiller à propos, trop de chaleur les fait hâter au point, qu'il laisse l'ouvrage imparfait, c'est-à-dire que la pellicule (*membrane anhiste*) qui tapisse l'intérieur des trachées, et qui en ·sort en filet, risque de se rompre et de rester dans les trachées et empêche la respiration. Le froid au contraire, ou une chaleur au dessous de 15° faisant séjourner les vers trop longtemps sur la litière, le long jeune ou un long séjour dans l'humidité, altèrent sa santé, et le font morfondre, et finalement périr d'une maladie, qui ressemble à celle des Passis.

« L'expérience a appris que les vers ne doivent employer pour muer plus de 24 ou 30 heures et tout au plus 36,ce qui arrive toujours si la chaleur produite par le feu est de 18 à 20°.

« Les éleveurs les plus ennemis du feu ne laissent pas d'en faire pendant la mue, mais ils n'ont pas sur cela des règles précises, Voici comment je m'y prenais. Quelque chaleur que j'eusse donné à mes. vers pendant le premier âge ou l'âge suivant je la maintenais à la mue jusqu'à ce que le deux tiers ou à peu près de mes vers fussent alités. J'interrompais alors les repas, ou je ne jetais çà et là quelques feuilles, et j'abaissais en même temps la chaleur autant qu'il m'était possible de 3 ou 4° de celle qui avait précédé. J'ai dit autant qu'il m'était possible, parce que on a beaucoup de peine à combattre la chaleur qui vient de l'atmosphère, dans les derniers âges. Si dans la même pièce il y avait différentes classes de vers je portais ailleurs celle qui devaient muer. Je ne donnais de feuille après la mue, que lorsque les deux tiers, ou les trois quarts avaient mué, et je n'en donnais que peu. Je mettais alors au point ordinaire la chaleur pour hater ce qui restait, et pour faire sortir de dessous de la litière ceux qui s'y seraient enfouis.

« On voit de quelle commodité sont les petites claies ou clayons, qu'on veuille les appeler. Facilité de les transporter d'un endroit à l'autre, et moins de vers à régler à la fois ; ce qu'on ne peut faire que dans les premiers âges. Il n'en est pas ainsi dans les âges suivants, dans lesquels il est plus difficile à les conduire à son gré, selon les règles qu'on s'est prescrites.

« Les vers qui sont sortis de mue peuvent se passer de quelques repas, sans en souffrir, s'il est nécessaire qu'ils attendent les retardataires. On leur donne ensuite à tous quelque peu de feuilles dont on augmente la dose de jour en jour jusqu'à la freze suivante. Aux premiers âges on leur sert de la feuille la plus tendre, la plus délicate qu'on puisse trouver, après chaque mue pour flatter leur appétit, et pour ménager leurs nouvelles dents, qui ne durcissent que peu à peu à mesure qu'elles sont exposées à l'air.

« Le ver après la mue, et après quelques repas, acquiert un volume au moins double de ce qu'il avait auparavant, ce qui met dans la nécessité de lui donner plus d'espace, un clayon ou une claie en fournit pour en remplir deux ou trois. Cette proportion devrait continuer si tout venait à bien dans les autres âges.

« Je ne changeais que deux fois la litière dans chaque âge jusqu'au quatrième inclusivement, savoir immédiatement après la mue, et à chaque fois j'éclaircissais les vers. Cela peut suffire lorsqu'ils ont une chaleur de 18 à 20° ou au dessus. Le peu de litière qui s'amasse d'une mue à l'autre n'est pas sujette à moisir ou à s'altérer. A une température plus basse cependant, les éleveurs ne pourront se dispenser de déliter 3 fois chaque âges pour tirer leur vers de l'ordure ; la propreté étant une condition indispensable pour maintenir la santé et la vigueur d'appétit que les vers auraient dans leur état sauvage.

« On peut conjecturer avec raison que nos insectes jouissent d'une bonne santé aux marques suivantes :

1° *Dans le premier âge tout doit fourmiller, ou se mettre en mouvement lorsqu'on souffle légèrement sur l'aire, où les vers sont couchés.*

2° *On juge dans les âges suivants du bon succès de l'éducation, lorsque les vers s'alitent, et se dépouillent tous à la fois.*

3° *Lorsqu'au sortir de la mue ils foisonnent si bien, quoiqu'ils aient été éclaircis précédemment, qu'ils ne sauraient tenir dans la même place, et qu'ils se répandent sur les bords de l'aire qu'ils occupent.*

4° *Lorsque tous ceux d'une même classe sont si égaux, qu'on les dirait jetés au même moule.*

5° *Lorsqu'ils grimpent avec vivacité sur la feuille qu'on leur jette et qu'ils se dépêchent de l'attaquer.*

6° *Lorsqu'ils ne quittent la litière pour errer sur les bords que dans les occasions déjà signalées.*

7° *Lorsqu'ils ne reste sur la vieille litière dont on a ôté les vers après la mue que peu ou point de morts ou de malades. C'est principalement sur cette litière qu'on peut le reconnaître. En voulant acheter de clayon de jeunes vers, il est prudant de se renseigner de visu en examinant soigneusement la litière qui reste dégarñie après le changement de clayons.*

« Les vers à soie du premier âge se distinguent à leurs longs poils de ceux de l'âge suivant. A mesure que l'animal croît, sa peau s'étendant de plus en plus les poils paraissent moins, parcequ'ils sont plus clair semés. Leur couleur d'abord d'un brun foncé dans l'éclosion spontanée

lire de jour en jour, au blanc jusqu'à la mue, que les italiens appellent pour cette raison —
dormir de la bianca.

---

§ 2

SECOND AGE DU VER A SOIE

Dans cette seconde période de la vie de l'insecte à l'état de larve, qu'on pourrait appeler adolescence, l'écaille dont il a été question dans le précédent paragraphe, d'une couleur gris blafard se colore à l'action de l'air d'un noir de jais comme auparavant. Il a quitté ses longs poils et il ne lui en reste plus que de fort courts. De leur couleur noirâtre sur une peau blanche il résulte une couleur tigrée qui les distingue des vers de premier âge. Quoique la taille ait un peu augmenté, elle ne l'est pas toutefois suffisamment pour qu'on ne puisse se méprendre et les confondre avec ceux de l'âge précédent, si on n'était pas à portée de les comparer.

A cet âge après deux ou trois jours on commence à apercevoir deux croissants noirs, qui apparaissant sur le milieu du dos de l'insecte à côté l'un de l'autre, et dont les pointes tournent au dedans.

« On a une grande avance lorsqu'on a mené à bien les vers depuis la couvée jusqu'à cet âge. Le reste ne demande que du travail, tout va de suite ; et ce travail est moins pénible parce qu'il est accompagnée de p'us de probabilité de réussite.

« Mais il y a à rabattre de ces flatteuses espérances, lorsqu'on découvre dans son bétail quelques signes contraires à ceux déjà énumérés. Un des plus facheux est l'inégalité des vers entre

eux, ou beaucoup de menu parmi les plus gros,
ce qu'on appelle *menuaille*.

« Si la différence dans la taille, ne provient que
de ce que les vers restés petits n'ont pas été à
portée de manger autant que les autres qui ont
grandi, ou parce qu'on a mêlé ensemble des
classes diverses ou par suite du manque d'égalisation, à laquelle l'éleveur n'aurait pas songé,
le mal ne serait pas, à vrai dire irrémédiable :
mais il n'en serait pas de même, si l'inégalité
procédait de tout autre cause. Telle serait celle
qui résulterait d'une chaleur forte, renfermée et
étouffée, qu'auraient subi les vers à leur couvée
dans un local petit. bas, et dépourvu des ouvertures indispensables à la sortie de la chaleur et
de l'humidité, ainsi qu'à la circulation de l'air.
Tous les moyens qu'on pourraient employer
pour les égaliser seraient inutiles. La menuaille
est destinée à périr tôt ou tard de maladie des
passis ou d'une des variantes de cette maladie.
— V. *Maladie des Passis.*

« On a vu ci-devant que cet âge demande à peu
près les mêmes soins que le premier. On peut
ajouter que lorsqu'on a peu de vers, on fait très-
bien de les tenir pendant cet âge et le suivant
dans l'étuve, où on peut les chauffer plus aisément, et à moins de frais.

Lorsqu'ils sont parvenus à la petite fréze de
cet âge leur couleur s'éclaircir à mesure qu'ils
mangent, et tire sur le blanc. (24)

---

(24) Boissier traite dans ce paragraphe des multiples causes de destructions de vers à soie, dues aux insectes et à
quelques quadrupèdes, tels que rats, souris, cankerlas,
blattes, araignées, fourmis, guêpes, mouches, etc, et des
moyens pour s'en préserver. Les quelques connaissances
qu'on pourra avantageusement emprunter à notre auteur
à ce sujet, trouveront leur place à l'article *Logement des
vers à soie.* G. L.

§ 3

TROISIÈME AGE DU VER A SOIE

« La couleur de la chenille au sortir de la seconde mue est d'un bai-clair. Celle du museau qui était d'un noir luisant aux deux âges précédents est devenue dans celui-ci d'un grisâtre mat qu'elle conservera dans les âges suivants. Le ver paraît deux ou trois fois plus gros qu'il n'était immédiatement avant la mue. Ces caractères distinctifs pendant quelques jours peuvent servir à connaître l'âge de la larve, mais à mesure qu'ils mangent la couleur de la peau s'éclaircit et blanchit par degré jusqu'à la froze suivante : à cet âge les vers présentent encore la particularité de faire entendre un bruit sourd de petite pluie, produit par les crochets de leurs pattes, lorsqu'elle se détachent d'une place pour s'accrocher à une autre ; ce qui est si vrai car lorsqu'ils ont gagné le haut de la feuille qu'on leur a jeté le bruit diminue, et cesse entièrement. Cela tient à l'épaisseur de la couche de la feuille qu'ils ont à traverser pour arriver jusqu'en haut. Cette couche est plus épaisse en raison de la quantité de feuille qu'on conne aux vers à cet âge, et qu'on leur donne presque entière n'étant coupée qu'en grandes pièces. On ne doit pas se dispenser de choisir encore la plus tendre non-seulement les deux premiers jours, qui suivent la mue, mais même pendant le reste de l'âge ; mais il n'est pas nécessaire qu'elle le soit autant que dans les âges précédents, parce que les dents et l'estomac acquièrent plus de consistance les unes et plus de vigueur l'autre, à mesure que le ver grossit. Il n'y aurait pas cependant grand mal que la feuille fusse tendre. Trop de négligence sur ce point est une des causes de la maladie fort ordinaire des vers à soie appelée la maladie des gras. V. *Grasserie*.

« Dans l'éducation hâtée je donnais à cet âge de 20 à 22° R. de chaleur, aussi bien qu'aux deux âges suivants. Mais la chaleur extérieur prenant le dessus je cherchais à la faire baisser jusqu'au 15 ou 16° par tous les moyens possibles pour l'opposer à la chaleur du dehors toujours nuisible aux vers. Bien plus quelque contradiction qu'il paraisse y avoir de faire du feu dans ces circonstances, j'en faisais cependant dans celle-ci et dans d'autres que je marquerai dans la suite.

« La troisième mue qui termine cet âge n'a rien de remarquable ou qui caractérise les vers qui l'ont subie : ils sont seulement un peu plus gros. C'est pour cela que les italiens l'ont simplement nommé *Dormir de la terza*.

----

§ 4

QUATRIÈME AGE DU VER A SOIE

« Les vers à soie, au sortir de la troisième mue aussi bien que de la quatrième ont la peau couleur isabelle ou d'un bai plus foncé qu'à la seconde : cette couleur s'éclaircit dès le second jour de la mue à mesure qu'ils mangent ou qu'ils grossissent : enfin ils deviennent blancs. Ces petits animaux prennent à cet âge une croissance, qui est l'effet d'un appétit, ou mieux d'une voracité, qui augmente proportionnellement dans la petite frèze, vers laquelle ils marchent.

« Ces progrès sont encore plus sensibles par la quantité de feuille qu'on leur apporte. On ne la cueille au commencement de l'éducation qu'au fond d'une coiffe de bonnet : on y va à cet âge ici avec un sac et dans l'âge suivant on ne la voiturera plus qu'au moyen d'un draps de lit. On ne s'amuse plus à la découper : on la sert toute entière soit elle même chiffonnée par la manière dont on la cueille.

———

§ 5

CINQUIÈME ET DERNIER AGE DES VERS A SOIE

« Les vers à soie qui ont été bien soignés jusqu'au 5ᵉ âge sortent de la quatrième mue avec une grosse tête, une queue large ou épatée, et le corps gros et ramassé. En les tirant de la vieille litière on les place sur les claies qu'on leur a déjà destinées, et dont on leur fait seulement occuper une bande au milieu large à peu près le tiers de la claie. On les étend de jour en jour par les côtés jusqu'à la veille de la monté où ils doivent tout remplir s'ils ont cru convenablement. On ne saurait les tenir trop clairsemés à cet âge. Ils s'en portent beaucoup mieux, ils croissent d'avantage et font des plus beaux cocons.

« On traite les vers à soie au sortir de cette mueà peu près comme pour les mues précédentes, en leur donnant d'abord peu de feuille dont on augmente la dose d'un jour à l'autre. Insensiblement arrive la *grande frèze* ou la *frèze* absolument dite, pendant laquelle les vers consomment deux fois plus de feuille qu'ils n'en avaient consommée depuis leur naissance. On ne saurait alors être trop attentif à satisfaire leur faim ou leur voracité.

« A une température de 18 à 20° la grande

frèze commence après trois ou quatre jours, et
elle atteint son comble le septième ou le huitième. Les magnaniers donnent pendant tout ce
temps au moins trois repas par jour, et à chaque
repas ils couvrent de feuille leurs claies à quatre
ou cinq pouces de hauteur. Au lieu de ces trois
repas, il conviendrait beaucoup mieux ainsi que
je l'ai pratiqué, de partager ces doses en six repas; les vers profitent mieux de la feuille, de
laquelle ils ne laissent que les nervures du milieu. Les éleveurs feraient bien de retourner la
feuille existante au moment de donner un nouveau repas. Par ce moyen on force les vers à
manger les restes qui auraient été sans cela né-
gligés et qui auraient épaissi d'autant la litière.

« L'appétit des vers à soie à la frèze, est
proportionné à la vigueur de cet âge et au degré
de chaleur qu'ils éprouvent. Si celle-ci est au 25°
et au-dessus, ils vieilliront trop tôt; ils se hâte-
ront de manger, et ne se nourrissant pas assez
longtemps la durée de la frèze sera abrégée de
deux ou trois jours. Les vers et les cocons seront plus petits et ceux-ci moins fournis de soie
ou mal étoffés, et la soie même de qualité inférieure.

« Il est donc important dans ces moments,
de procurer par tous les moyens possibles de la
fraîcheur aux vers, soit en ouvrant une porte
tournée au nord, ou un soupirail qui réponde à
un cellier ou à une cave, soit en arrosant fréquemment le carreau et bouchant les fenêtres
tournées au midi, etc. S'il est impossible de
s'aider de ces moyens, on pourra y suppléer
en donnant les repas plus petits et plus fréquents
pendant que la frèze est dans sa plus grande
force.

« L'air très-chaud, devient par sa raréfaction
et par toutes les exhalaisons dont il est impré-
gné, mal sain pour tous les animaux, et plus encore pour les vers à soie en relachant leurs fibres

dont la tension leur est si nécessaire. La langueur, la perte de l'appétit, une couleur tannée qui se répand sur leur peau auparavant blanche sont les suites ordinaires de cette température de l'air ; mais ce ne sont pas les seules, cette température dispose à la pourriture des vers menacés de la jaunisse.

« Cette espèce de chaleur, c'est-à-dire la chaleur atmosphérique, est bien autrement fâcheuse pour les vers à soie, lorsqu'ils sont en trop grand nombre dans un atelier bas, mal exposés ou pas suffisamment pourvus d'ouvertures, et plus particulièrement lorsque cette chaleur précède ou accompagne un orage, puisque alors elle produit les *touffes*. V. ce mot... Pour tout ce qui se rapporte aux maladies des derniers âges. V. *Muscardine, Flacherie, Jaunisse ou Grasserie.*

---

§ 6

DE LA MATURITÉ DES VERS A SOIE

« La fougue de l'appétit du ver à soie dure — ainsi que tous les éleveurs savent — trois ou quatre jours ; passé ce temps, le ver a acquis toute la croissance de ce dernier âge. Sa quatrième peau ne peut plus se distendre au-delà, et il n'y a plus de nouvelle qui puisse la remplacer. D'ailleurs son *réservoir de la soie, ou organe séricigène* est plein et presse le boyau intestinal. Son appétit baisse naturellement : l'aliment qui rendait son corps opaque en remplissant toute la capacité du boyau, en gagne petit à petit la partie inférieure sans en être déplacée ; la tête et le premier anneau acquièrent par là, comme certains fruits en mûrissant quelque demi-transparence. C'est de là que les magnaniers ont appliqué à ces insectes l'expression de *ver mûr* et même de *ver tourné* qui est le premier degré de cette espèce de maturité.

« Le ver qui commence à tourner dédaigne la feuille : si on lui en jette il y monte par-dessus sans y toucher : il se tient immobile, la tête élevée, qui est d'un roux un peu transparent.

« On en aperçoit plusieurs dans cet état répandus çà et là sur la claie ; mais on les distingue mieux en les mirant contre une fenêtre, ou à la faveur d'une lampe. Ces insectes se vident peu à peu de leurs crottin, et par une conséquence nécessaire leur corps qui était dur et résistant rapétisse dans toutes les dimensions. Les crottins, qui jusque là étaient durs et noirs, deviennent dans la maturité mous et verdâtre, quoique d'ailleurs bien moulés.

« Enfin tout le corps étant devenu transparent et roux comme l'était d'abord la tête, le ver à soie se met à courir sur les claies, sans suivre de route certaine : un brin de soie lui sort de la filière et il en laisse des traces sur son passage : il abandonne même la lumière et cherche à s'échapper par le bord des claies, et par les montants, d'où il va s'égarer dans les différents coins des murailles et du plancher d'atelier — si toutefois le bâti n'est pas isolé. — C'est le signal qui avertit l'éleveur que la montée das vers est très-prochaine, et qu'il doit avoir ses rameaux près. L'éleveur a un autre indice plus sensible qui l'avertit un peu plus d'avance ; ce sont les vers jaunes, lorsqu'il doit y en avoir, qui paraissent un ou deux jours avant la montée (25).

(25) Ces indices de maturité tout infaillibles qu'ils puissent être, demandent cependant de la part de l'éleveur un œil exercé pour ne pas se tromper dans le choix des vers prêts à filer leur cocon. Je ne me souviens dans quel journal j'ai lu, que les rameaux de saule non effeuillés posés sur les claies remplies de vers, ont la propriété d'attirer à

eux tous les vers complètement mûrs, produisant ainsi un effet analogue à l'effet produit par l'aiguille aimantée sur un mélange de poudre qui contiendrait des parcelles de fer. Si l'observateur qui a remarqué ce fait ne s'est pas laissé aller à conclure trop précipitamment en faveur de cette propriété attractive dont les rameaux de saule seuls seraient doués, certes, cette découverte mériterait d'être prise sérieusement en considération par les éleveurs, qui ne font pas coconner leurs vers sur les claies, car avec le système ordinaire de cabanage des vers à la claie, ce triage s'accomplit avec peu ou point de danger pour la récolte.

Mais encore dans la supposition qu'on veuille transporter ailleurs les vers mûrs pour les faire coconner sur des tas de ramilles, où même dans le *cellulier* du Dr Delprino — vu la difficulté qu'on peut rencontrer à ce procurer des rameaux de saule — il vaudrait la peine de vérifier si ces rameaux de saule ne pourraient pas, par hasard, être remplacés par tout autre genre de ramille ou par tout autre moyen mécanique.

Tout porte à croire que le ver mûr est très-indifférent à choisir l'endroit où se décharger de la matière soyeuse, qui l'excite à coconner et aussitôt qu'il trouve une place pour s'y tenir, et quelques angles ou aspérités pour y attacher le bout de fil qui commence déjà à lui sortir de sa filière.

Est-on bien sûr qu'en étendant des plantes branchues sur une claie garnie de vers plus ou moins mûr on n'obtienne pas le même effet que l'on dit obtenir par les rameaux de saule? Je suis fort enclin à le croire lorsqu'on observe avec quelle prestance le ver vraiment mûr s'introduit dans un copeau de sapin roulé en spirale, et laissant dans l'intérieur un vide suffisant à le contenir.

Quoiqu'il en soit il est fort douteux que les vers mûrs s'attachant à la branche de saule obéissent à une propriété attractive spéciale qui ne s'exercerait qu'à l'égard des vers au point de sortir de son état de larve.   G. L.

§ 7

BOISEMENT DES CLAIES

« On n'attend pas pour ramer des signes plus certains que le premier des deux qu'on rapporte dans le précédent paragraphe. Les rameaux doivent être prêts à placer en nombre suffisant, et avec assez d'ouvriers pour se mettre tout de suite à l'ouvrage. Les uns présentent les rameaux, d'autres les dressent, des troisièmes vont cueillir le peu de feuille dont on a besoin pour les vers les plus tardifs. Le magnanier a l'œil à tout ; c'est le jour du plus grand travail et du plus grand embarras, si l'éducation est nombreuse, si elle est d'une seule classe, et si les vers sont presque tous sur le point de filer.

« Les rameaux sont des petites branches d'arbrisseaux, ou des plantes branchues qu'on place debout en rangées, disposées en ligne droite entre deux claies dans le sens de leur largeur, ce qui forme des petites allées, aussi longues que la largeur de la claie. La distance d'une rangée à l'autre est d'un pied environ. On donne le nom de *cabanes* à ces allées, et de *bois* à tout leur ensemble.

« Les plantes qui peuvent servir à boiser les claies sont très-nombreuses : ordinairement on se sert en France de la bruyère à balais, de la filaria, du colza, du genet et du petit chêne épineux. Il faut cependant recourir à quelques expédients dans les pays qui ne fournissent que du jonc et du petit roseau. Un de ces expédients consiste à soutenir en haut contre le plancher de la claie supérieure des poignées de copeaux en rubans volutés qui tombent de la varlope ou du rabot, moyennant des petits montants qui puissent servir d'escalier aux vers pour atteindre à ces dits copeaux, où les vers y trouvent des milliers de loges, s'y placent commodément en se mettant tout de suite à filer. De cette manière ils sont moins exposés aux chutes si fréquentes si le bois ne se trouve pas convenablement agencé.

« Pour fixer par exemple le colza à la table, il faut qu'il est une longueur de quelques pouces, dépassant la distance d'une table à l'autre qui lui est supérieure, pour pouvoir le disposer en arc-boutant, et de cette façon le fixer en haut et en bas, et former en haut de la cabane le berceau.

« La plus haute claie n'ayant point d'autres claies au-dessus d'elle, ne présente pas un moyen pour fixer les rameaux. On y remédie en couchant à travers la claie des petits fagots tels que de longues javelles de sarment entièrement séparées l'une de l'autre comme le doivent être les cabanes. On fiche dans ces fagots les pieds des rameaux auxquels on laisse toute leur longueur, et dont on fait appuyer les têtes d'un rang alternativement sur celle du rang qui est à côté. On ne doit pas oublier, lorsqu'on rame les cabanes avec la bruyère de faire courber en dedans la tête de celles qui sont au bord de la claie. On évitera les chutes très-dangereuses si les vers tombent sur le parquet de la magnanerie plutôt que sur la claie.

« Pour se pourvoir de la quantité approximativement nécessaire du matériel d'emboisement il sera utile de savoir qu'on compte comunément qu'il faut environ 50 kilos de bruyère, ou de branches sèches pour ramer des claies qui doivent rendre 50 kilos do cocons, car les rameaux qui en sont bien garnis en rendent d'ordinaire 5 kilos par claie.

« Pour juger encore mieux de ce rapport il faut savoir qu'on est dans l'usage de] resserrer les vers qu'on met sous les rameaux, et de doubler les rangs, de manière à ne faire de leurs tables qu'une seule, et pour ménager la feuille, et surtout pour que les rameaux soient bien garnis de cocons, ce qui flatte davantage l'amour-propre du magnanier.

« Ce serait cependant plus à propos de ramer toutes les claies telles qu'elles se trouvent, et d'y laisser les vers clair-semés. Ils s'en porteraient mieux, et il y a tout lieu de croire qu'on aurait beaucoup moins de cocons doubles.

« On évite la formation des doubles, lorsqu'on rame de bonne heure, et que tous les vers ne sont prompts à mûrir à la fois. Car dans ce cas les vers ne montent que de loin en loin l'un après l'autre à mesure qu'ils mûrissent. Les plus précoces se seront déjà logés et auront commencé leur tâche avant que d'autres aient pus les rejoindre pour travailler ensemble.

« En conseillant de ramer de bonne heure, il nous faut ajouter cependant qu'il ne faudrait pas ramer trop tôt, c'est-à-dire avant la maturité, lorsqu'il serait indispensable de servir aux vers longtemps encore les repas à cause de la difficulté qu'on rencontrerait pour le faire aisément. En outre, la litière a le temps de s'entasser et l'on ne pourrait la retirer facilement de dessus des vers placés sur une claie encabannée. Enfin l'air des cabannes est toujours plus enfermé, et partant plus étouffé, ne pouvant librement circuler dans l'enclos des rameaux. Par cette raison il ne faudrait pas y laisser séjourner les vers que le moins possible.

« A toutes ces raisons les magnaniers en ajoutent une autre, qui est la suivante. La soie, disent-ils, cause aux vers une chaleur intestine qu'il faut chercher à tempérer au moyen de courants d'air, qu'on ne peut obtenir lorsque la claie est tout encombrée de rameaux, mais rien de plus hasardé que cette prétendue chaleur. A l'instar des végétaux la durée des vers, et leur accroissement s'accomplissent en raison du degré de la chaleur qu'ils empruntent au milieu dans lequel ils sont plongés pendant toutes les périodes de la vie, et en particulier dans celui de la maturité. Les expériences thermométriques en font foi.

« Les inconvénients qui peuvent se présenter, en ramant trop tôt sont de peu d'importance comparativement a celui qui peut se produire si on exécute trop tard cette opération. Le ver mûr, qui n'arrive pas à trouver un endrot convenable pour confectionner son cocon, et pressé par le besoin de son excrétion soyeuse, les fibres contractiles de sa peau, dont la manœuvre est si nécessaire à cette fonction, s'affaiblissent par suite de leur tension trop prolongée. La transpiration qui augmente par ses promenades incessantes n'étant pas compensées en aucune manière le fait décroître par la contraction continuelle de ces mêmes fibre, en tout sens : ses anneaux prennent une rigidité qui gêne ses mouvements ; il perd la flexibilité de son corps, et la facilité des mouvements de sa tête si nécessaires les uns et les autres pour se vider de sa gomme soyeuse et pour la disposer de manière à pouvoir fabriquer son cocon. Si il ne peut pas fixer les premiers fils de son édifice, ne trouvant pas d'endroit favorable pour cela, le moment de sa métamorphose arrive, le ver s'accourcit au point néc'ssaire pour se convertir en chrysalide sans avoir illé, ou bien en n'ayant fait tout au plus qu'une large toile plate, ce qui est souvent pour le maître une perte notable causée par cette sorte de vers appelés *Courts* ou *Tapissiers* en français, *Courches* en languedocien, et *Frati* en italien (26).

(26) Ces dénominations servent encore dans la langue séricole à désigner les vers atteints dès leurs premiers âge de la maladie nommée *consomption*, et qui parait n'être qu'une variété de la maladie des passis. Ces vers d'une venue très chétive, ne mangeant tout juste que, pour mener une existence valetudinaire, parviennent parfois jusqu'à leur maturité, et à filer une toile d'araignée plutôt qu'un cocon. Si après avoir tapissé une certaine surface plate ils continuent encore à vivre, ils achèvent leur transformation en chrysalide, mais incomplètement. J'ai lu quelque part, que leur soie pourrait être filée, quoique n'étant pas disposée en cocon, s'il en valait la peine.

Il y a donc deux espèces de vers courts : les uns qu'on pourrait appeler de premier âge, les autres du dernier : les uns et les autres ne tissent pas leur cocons, mais nullement pour la même cause. Ceux du premier âge viennent au monde avec une constitution très-frêle, maladive qui ne leur empêche pas de vivre jusqu'au bout de leur état de larve, mais sans la vigueur nécessaire à se construire un abri pour se transformer convenablement en chrysalide, et moins encore en papillon. Ceux du dernier âge, ne restent courts, ou pour mieux dire ne le deviennent, qu'accidentellement.

L'accourcissement du ver est un indice de son entrée dans la phase de sa chrysalidation, et cette phase une fois entrain ne saurait s'arrêter, soit qu'elle ait lieu dans le cocon, ou dehors. Cette phase cependant ne pourrait s'accomplir si l'organe de soie ne parvenait à se débarrasser de son contenu. L'indispensabilité de cette excrétion ne comporte point de délai. De là l'agitation que se donne le ver pressé par le besoin urgent d'obéir à son instinct, qui l'oblige à s'y prendre n'importe comment pour en venir à bout et rattrapper le temps perdu. Sans doute il doit employer moins de temps à filer une toile que pour faire un cocon. Il risque la vie si cela lui arrive sur les arbres, car une fois tombé il est mort; mais si cet accident lui survient sur une claie, il peut encore achever sa carrière, et devenir insecte parfait si l'éleveur le conserve dans un milieu soyeux, comme le coton cardé, et dans une atmosphère convenable. De cette manière je suis parvenu à obtenir de la graine de vers à soie, dont j'avais filé à la bassine, et à eau à peine tiède et tant soit peu alcaline des cocons aussitôt achevés, et cette graine hivernée comme à l'ordinaire vint à éclore très heureusement l'année suivante. C'est, à mon avis, la solution d'un problème économique, dont les résultats ne sont pas à dédaigner. G.L.

« Certains éleveurs ayant des chambrées considérables sous leur direction, et de vers d'une même classe, pour être plutôt débarassés passent par dessus toutes les considérations ; et pour prévenir les vers courts — qui sont quelquefois un fléau comme le serait une maladie — ils se mettent à ramer dès les premiers vers qui murissent, ou autrement qui commencent à tourner. Ce qui peut justifier cette pratique c'est que s'il survient de fortes chaleurs, et que les vers soient bien constitués on est surpris par la montée. Il arrive par fois que tous les vers, ou au moins les deux tiers, en moins de 24 heures cherchent à filer, et ils trouvent l'éleveur dans l'impossibilité de ramer aussitôt qu'il le faudrait, et en attendant ils se raccourcissent.

« Le meilleur parti à prendre pour éviter les courts, ou celui que je crois tel, et de diviser de bonne heure, une grande éducation en deux ou plusieurs classes, et de s'arranger de façon qu'elles mûrissent et qu'elles montent à un ou deux jours d'intervalle l'une de l'autre, et d'attendre, pour commencer à ramer la plus hâtive; que les signes de maturité se manifestent dans un grand nombre de vers de la même classe.

« Quoique dans ces moments d'attente le ver à soie n'ait plus grand appétit, et soit plus difficile sur la qualité de la feuille, cependant on leur en sert, bien qu'en moindre quantité aux temps marqués. Si dans cette circonstance où un repas hâte chez eux le besoin de filer, et si la majorité de ces vers manifeste ce besoin à la fois, il faudra différer ce repas jusqu'après l'entier ramage. On peut adopter cette pratique sans inconvénient dans une petite ou médiocre éducation, elle présente par contre l'avantage de ralentir aux vers l'envie de filer et donne un peu de loisir à l'éleveur pour compléter le ramage.

« Il faut avoir mis en réserve, pour ce temps, la feuille la plus appétissante, telle que celle de vieux mûriers *Colomba* plantés dans un terrain graveleux. Cette feuille qui est mince, petite et maigre, ne doit être ni jaune, ni tachée, ni flétrie : elle est aussi plus soyeuse, ou tout au moins plus visqueuse en la mâchant. Avant de la servir on sépare, celle qui serait par trochets, ou qui tiendrait à quelque bout de branche, de peur que les vers ne fussent tentés d'y filer leurs cocons qui se saliraient, ou qui se perdraient dans la litière.

« Dans une petite éducation, la maturité arrivée, il faut mettre les vers sous les rameaux ou, comme on dit en langue usinière *mettre dessous* ; ou bien si l'éducation a une certaine importance, on trie les vers prêts à monter et on les met sur une assiette à mesure qu'ils mûrissent, pour les porter et les répandre dans les cabanes d'une autre claie déjà ramée et vide, ou bien dans le tas de ramille qu'on aurait préparé dans un coin de la chambrée, ou dans une autre pièce. Dans le premier cas on les applique aux pieds des rameaux pour qu'ils n'aient pas à se donner la

peine de chercher. D'ailleurs les vers une fois
sur les rameaux se vident, avant de filer, d'une
humeur gluante qui salit ceux de la claie placée
dessous. Cette déjection en séchant raidit la peau.
et les rend moins propre à monter à leur tours

« Il y a donc à gagner à prendre ce soin, qui
n'est ni long ni pénible s'il y a peu de bétail.,
Autrement on les porte tous mûrs ou non, pêle
mêle sur une table nette et ramée. On prépare de
même l'une après l'autre celles qui sont encore
dégarnies de vers pour y transporter les vers
qui suivent, et ainsi de suite. Il est bon même
de frotter les claies après les avoir nettoyées,
avec du thym, de la lavande, etc.

« C'est toujours par déliter qu'on débute soit
qu'on rame des tables vides de vers, soit celles
qui en sont chargées. Dans ce cas on range
le vers à droite et à gauche d'une file pour
placer les rameaux sur la table nue en enlevant
toujours la litière à mesure qu'elle se trouve à
vide de vers. Celle qui se forme dans la suite par
les petits repas qu'on continuent à donner, n'a
pas le temps de trop s'entasser, si les vers sont
prêts à filer.

« Cette dernière litière est appelée par les
magnaniers la nourricière des cocons, parce que
le peu d'humidité qui s'en exhale empêche ces
derniers de trop se dessécher ; ce qui produirait
un déchet à la vente, et aussi parce que le crottin salit en passant à travers les joints de la
table, la bave ou blaze des cocons de la table de
dessous.

« Lorsqu'on rame, au contraire, avant que les
vers soient bien mûrs, ou si en ramant même à
propos, surviennent des temps froids et humides qui retardent la montée, il faudrait sans
contredit, déliter une seconde fois sur les cabanes, en s'aidant dans cette occasion d'un petit
rable, pour tirer à soi la litière et les vers
qu'on en sépare.

« Si le magnanier inattentif est surpris par la
maturité des vers, ou par la montée survenant
tout à coup à la suite d'un temps chaud et serein,
il suffira de coucher sur différents endroits de
la claie ce qui peuvent trouver de rameaux,
quelques longueur et quelque forme qu'ils aient.
Lorsque ces rameaux seront bien garnis de vers,
il suffira de les placer debout à terre, dans quelque coin de l'atelier, pour se donner le temps de
ranger artistement les autres (27).

(27) L'encabanage ou enramage des claies, présente, sans
doute, des avantages, mais présente aussi, ainsi qu'on
vient de le voir, des difficultés à s'en servir, sans courir
risque de compliquer le travail des magnaniers, et de
nuire à quelques conditions requises par le coconnage. La
grande difficulté de séparer les vers mûrs de ceux qui
ne le sont pas encore, et de les mettre immédiatement en
situation de pouvoir filer est évitée en mettant les vers en
état de pouvoir se séparer d'eux même les uns des autres
en leur donnant le moyen de monter à la bruyère dès que
le besoin de monter les pousse. Ce moyen, qui n'est qu'un
expédiant pour Boissier, consiste à couvrir de rameaux les
vers qu'on a raison de croire prêt à être mûrs, de rameaux
sur lesquels les vers précoces grimperont immédiatement,
pendant que les retardataires se tiendront à leur place.
Le triage ainsi se fait de lui même et se fait avec beaucoup plus de précision. On peut être sûr qu'il n'y aura pas
de ver retardataire qui se laisse entrainer par l'exemple
des plus pressés.

Voici du reste, d'après Boissier, comment on procédait
à son temps dans le royaume de Naples.

« Lorsque les vers à soie commencent à mûrir on couche
sur eux des brassées de rameaux bruts sur lesquels les
vers les plus mûrs se guindent. Dès que ces rameaux en
sont passablement garnis on les dresse dans un coin de
l'atelier, et on y porte d'autres vers si les rameaux peuvent en contenir encore. On remplit de mêmes les autres
coins, et si le premier rang de rameaux qui porte à terre
ne suffit pas, sur cette première assise on en place une
seconde qu'on a chargé comme la première. Les vers y
filent également bien.

« On ne doit pas s'étonner que la muscardine n'ait pas
lieu dans un pareil arrangement de rameaux, et dans une
pièce d'ailleurs bien ouverte. »

Dans ce système d'enramage, et dans la supposition qu'il
ait lieu de devoir superposer une couche de rameaux chargée de vers à la précédente, il est à craindre que les
déjections des derniers arrivés ne salissent l'ouvrage déjà
entamé des vers de la couche subjacente. Mais il serait
facile d'obvier à cet inconvénient en intervertissant la pose
des couches ; c'est-à-dire en plaçant la première à une

hauteur suffisante pour qu'entre elle et le carreau il y ait la distance voulue pour y contenir une ou deux autres couches de ramilles. La couche des vers hâtifs serait placée en haut, les autres en descendant. Ce rayonnage pourrait être établie contre un mur, qui en faciliterait la construction ; le mieux sans doute, serait de se servir d'une portion du bâti de l'éducation, qu'on devrait isoler pour faciliter la circulation de l'air, dont le ver a toujours besoin, dans toutes ses phases.

J'ai dit dans la note précédente, que les rameaux de saule couchés sur les vers d'une claie, agissaient sur ceux déjà mûrs non en les attirants, par une propriété attractive spéciale, mais bien — au moins très-probablement — par leur conformation et leur solidité à l'instar de tout autre genre de rameaux : maintenant je puis ajouter, que les résultats qu'a obtenu le sériculteur de Vérone cité par l'auteur de l'article que j'ai lu, s'obtiennent partout ailleurs, avec les sarments secs de vigne, avec le colza, et toute plante à ramification, multiples auxquelles on pourra ajouter les rameaux de saule, pour peu que l'on tienne à cette découverte. Mais pour ce qui est de l'influence magique ou magnétique du saule sur le ver à soie mûr, tout en ne contestant point ni à l'inventeur, ni au vulgarisateur de cette découverte, le mérite à l'un de l'avoir faite, à l'autre de la divulguer, je me permettrais jusqu'a plus ample informé, de la placer dans la catégorie, à laquelle appartient le *Cornouiller*, dont les devins se servent pour découvrir les sources.

G. L.

—————

§ 8

DE LA MONTÉE DES VERS A SOIE

Si les vers à soie qui sont mûrs ne se pressent pas de gagner les rameaux qu'on leur apporte, le magnanier devra chercher à s'assurer si cette lenteur ou refus ne viendrait pas, comme il arrive d'ordinaire, de quelques-unes des intempéries que nous avons signalées en parlant des touffes, pour y apporter les remèdes que nous avons indiqués. *V. Muscardine.*

Les éleveurs devanciers de Boissier, voyant quelques-uns de leurs vers tomber ou s'arrêter de filer dans des moments d'orage atmosphérique, craignaient le tonnerre beaucoup plus que

toute autre éventualité à cause du bruit. De là à
appréhender toute sorte de bruits de canon, de
fusil, de tambour ils n'avaient qu'une conséquence d'analogie à tirer,. et cette conséquence
était encore en vigueur, lorsque Boissier entre-
prit quelques expériences pour s'en rendre
compte. Ces expériences, très-variées et très-
nombreuses, le convainquirent que dans le cas
du tonnerre, la mauvaise influence ne prove-
nait pas du bruit de la foudre, mais bien des
qualités dont l'air est affecté en temps d'orage,
qualité que notre auteur a désigné sous la dénomination de touffe. Les exhalaisons sulfu-
reuses dont l'air est alors chargé affaiblissent
l'électricité, et rendent l'air moins propre aux
fonctions vitales des vers. Ils deviennent languissants et c'est par défaillance qu'ils tombent
du haut des rameaux, n'y étant que faiblement
accrochés.

« Le feu clair ou de flamme, la vapeur du
vinaigre jetée sur une peile ou sur une brique
ou une tuile préalablement chauffées fortement,
doivent être employés dans un cas pareil, de
même que le parfum d'herbes ou de feuilles
aromatiques, qui peuvent dans ce cas être d'un
grand secours. Il ne faut pas attendre pour
employer ces moyens que l'orage soit déclaré
par les éclairs et le tonnerre, car alors l'orage est
en bonne partie passé.

« Il faut, lorsque le temps se couvre de gros
nuages, fermer portes et fenêtres, si on les
avait ouvertes, pour donner de la fraîcheur ;
mais je suppose qu'en bouchant tout il y ait
beaucoup d'espace vide au-dessus des claies, ou
qu'il y ait des échappées suffisantes pour la chaleur qui serait encore plus fatale pour les vers
fileurs pendant l'orage. Si cette chaleur était
quelque temps renfermée elle deviendrait la
cause de la muscardine. Au défaut d'échappe-
ments ou d'ouvertures, et d'une hauteur suffi-

sante du plancher, il faudrait tout ouvrir, faire
peu de feu, et beaucoup de parfums de thym ou
de lavande ou de romarin, etc., ou ceux de la
poudre à canon, de l'encens, de benjoin, du sto-
rax, et même des résines les plus communes,
sont tous des excellents moyens pour fortifier
la peau de l'insecte et pour réveiller, par de légères irritations, les vers qui seraient engourdis
ou paresseux à filer. Ce serait cependant se faire
grandement illusion que de croire que tous ces
parfums soient des remèdes infaillibles contre
toutes les maladies des vers à soie, et qu'ils dis-
pensent l'éleveur de tout autre soin. On peut en
dire autant de certaines pratiques qu'on a pré-
conisées à savoir, que l'essentiel dans l'éducation est de tenir les vers dans l'obscurité, et de
régler la chaleur à un degré donné du thermomètre, comme si tout dépendait d'une pratique
je ne dirais pas de peu de conséquence, mais de
celles même qui sont bonnes. « C'est de la réu-
nion de plusieurs pratiques reconnues généralement comme bonnes que dépend le succès. »

« Les différentes espèces de touffes étant
plus à craindre à la veille de la montée, et lorsque surtout les vers sont âpres à cette montée,
l'éleveur ne doit pas perdre de vue son bétail
dans ces moments critiques. Il doit de temps à
autre sortir de l'atelier et y rentrer pour comparer les impressions du dehors avec celles du
dedans. Il doit se décharger de toute autre oc-
cupation et ne prendre de sommeil qu'à la dé-
robée.

« Si l'on n'a à craindre des orages pendant
la montée, mais seulement de la chaleur de l'atmosphère accompagnée de calme, il faut ouvrir
du côté où la fraîcheur peut venir, et faire des
légers parfums, pendant les deux ou trois jours
que les vers sont occupés à filer. On pourra
même préférer au parfum la vapeur du vinaigre
jeté sur quelques corps, bien chauffés au feu,

pour ne pas enfumer la bave des cocons par les parfums.

« Les conditions les plus favorables pour la montée, comme pour toutes les autres circonstances de la vie de nos insectes, sont un air sec, un ciel pur et serein, une chaleur tempérée par un léger vent du sud, qui les anime dans tous les temps. Ainsi toutefois si ce vent était assez froid pour engourdir les vers, il ne faudrait pas craindre de faire du feu, sous aucun prétexte.

« On diminue la dose des petits repas sous les cabanes à mesure que les vers défilent sous les rameaux : l'on ne jette enfin que quelques feuilles çà et là. Et quand les deux tiers ou la moitié des vers ont gagné les rameaux, on transporte ceux qui restent sous les cabanes d'une autre claie, pour employer la feuille avec plus de profit.

« Lorsque le gros de la troupe a quitté la litière pour gagner les rameaux, les magnaniers couvrent le bord extérieur des cabanes avec du feuillage ou du papier pour procurer aux vers qui y filent une obscurité qu'ils semblent rechercher, ou de nouveaux points d'appui pour l'échaffaudage de leurs cocons et d'empêcher les chutes. C'est par cela que se terminent les soins qu'on donne aux cabanes.

« Enfin, trois ou quatre jours après la montée des vers les plus diligents, on retire de dessus la litière tous les vers tardifs. C'est ce qu'on appelle *sevrer* et en languedocien *desmama*.

En les sortant ainsi de la litière, appelée par les magnaniers *nourricière*, on venait en quelque sorte à les sevrer.

« Ils faut placer tout ces vers sevrés et impotents près à monter à la bruyère à portée de filer commodément sans qu'ils aient besoin de chercher longtemps une place convenable, et sans courir le risque de tomber de bien haut. On ar-

range pour c et effet dans quelques coins de l'atelier sur une table ou à terre des touffes de lavande et de broussaille, des copeaux de menuisier roulés, sur lesquels on répand ces vers languissants, qui trouvent tous près les endroits
pour pouvoir se loger et filer à leur aise.

« S'il ne restait qu'une petite quantité de ces
vers sevrés on les obligerait plus surement à
travailler en le logeant chacun dans un corn et
de papier : les cocons qu'on en récolte sont
très-bien conditionnés.

« Cet espèce de ramage bas s'appelle l'*Hôpital*.
La langueur des vers qu'on y hospite, vient en
partie des déjections liquides et visqueuses, dont
ils ont été salis par ceux déjà montés. Rien
n'est plus efficace pour rétablir ces vers inva-
lides que le bain d'eau fraiche. Après les avoir
immergés dans un vase quelconque en les
y retournant en différents sens avec la main,
pendant une minute environ, on les porte au
soleil pour les sécher et les dégourdir. Dès
qu'on les voit un peu s'animer à la chaleur on
les place à l'hôpital, où la plupart se mettent
d'abord à l'ouvrage.

---

§ 9

DU MOMENT OU L'ON DOIT DÉRAMER

« Le ver à soie n'emploie à la fabrique du
cocon que trois ou tout au plus quatre jours,
depuis qu'il a jeté les premiers fils de la bave
dont il s'enveloppe. Mais comme les vers mêmes
les mieux assortis ne finissent pas tous leurs
cocons au même moment, on attend pour déramer une classe deux ou trois jours après que
les plus paresseux aient achevé leur tâche ; ce

qui va en tout à une douzaine de jours depuis que les plus diligents se sont mis à travailler.

« Une fois que le ver s'est mis à l'ouvrage, — si les circonstances l'exigent — on pourrait impunément déménager tout le ramage, sans pour cela que le ver cesse de travailler.

« Il est convenable de ne pas dépasser le terme de dix à douze jours pour déramer ou détacher les cocons des rameaux, si l'on se propose de les vendre : autrement les cocons perdant de jour en jour de leur poids à mesure qu'ils sèchent, il y aurait pour le vendeur une perte réelle. Mais si on fait filer pour son compte il suffit de prévenir le temps où le papillon pourrait éclore. Ce temps est plus ou moins reculé selon la chaleur qu'il fait. Lorsque la chaleur est longtemps tenu à 22 ou 24° du thermomètre R. il ne faut pas passer une douzaine de jours après qu'on a déramé, ou 24 après la montée pour étouffer les chrysalides et se donner par ce moyen tout le temps nécessaire au tirage (28).

(28) « J'ai prolongé jusqu'à un mois la naissance des papillons en gardant les cocons dans une cave fraîche. Il y a du profit à employer cet intervalle au tirage, c'est-à-dire à filer les cocons de bonne heure, avant d'en étouffer la chrysalide. Ils rendent une plus belle soie, qui se manie avec plus de facilité. De plus cette soie on la tire à une moindre chaleur ; il suffit de l'eau tiède pendant les deux ou trois premiers jours après le déramage. Or, les fèves ou chrysalides ne périssent qu'à l'eau chaude ; il faut donc moins de combustibles ; et cela n'empêche pas la métamorphose de la chrysalide en papillon, et le papillon de pondre ses œufs aussi sains que ceux qui n'ont pas subi cette épreuve — V. la note 26e, ou je rend compte d'une petite expérience qui m'est personnelle, et qui s'accorde on ne peut mieux dans ses résultats, avec les résultats obtenus par Boissier, et que je viens de signaler.

G. L.

§ 10

DU CHOIX DES COCONS POUR GRAINE

« Avant de porter au marché les cocons, ou avant de les étouffer il faut songer de mettre à part ceux qu'on destine pour cocons de graine, sur lesquels vont se fonder les espérances sur la génération suivante, dont le succès tient en partie au choix de ces cocons et aux soins de la ponte des papillons qui en doivent éclore. — Pour savoir à quelque chose près la quantité de cocons qu'on doit choisir pour cet usage, on s'arrange en s'appuyant sur cette donnée pratique qui 500 gr. environ de cocons donnent à peu près une once de graine de 28 grammes (le poid de la *livre de table* dont se sert Boissier dans son calcul est de 489.5 grammes et l'once de 28 gr.) tantôt plus tantôt moins selon la fécondité de la femelle, et d'autres raisons rapportées plus bas.

« Quelque attention qu'on ait de faire pondre les papillons dans un endroit frais, où ils pondent certainement plus que dans un endroit chaud, j'ai toujours remarqué qu'après une ou deux années d'abondance de graine, il en vient une de stérilité, où les papillons pondent beaucoup moins.

« On suppose qu'à nous donner ce produit aient pris part autant de mâles que de femelles. Si le nombre de ces derniers est supérieur à l'autre, on fait servir le même mâle à deux accouplements. On n'a cependant recours à cette polygamie que dans la nécessité.

« On a cru qu'on pouvait égaliser le nombre des deux sexes en choisissant autant de cocons mousses ou arrondis d'un ou deux bouts que de ceux qui sont pointus des deux bouts ; les pre-

miers ne contiendraient que des femelle, les autres des mâles. Mais rien n'est si incertains que
ces signes, puisqu'il y a quelques années que
n'ayant choisi pour ma graine que des cocons
de la première espèce j'eus cependant, à peu
près autant de mâles que de femelles.

« J'ai dit à peu près autant ; car quelque
choix qu'on fasse il y a des années où le nombre
des femelles qui éclosent d'une quantité déter-
minée de cocons, excède celui des mâles, et
vice-versa dans d'autres années. Ainsi il n'y a
rien de constant là dessus. On pourrait donc
prendre les cocons de graine à l'aventure sur
le tas, si l'on n'avait égard qu'au sexe des papillons. Mais il y a d'autres précautions à prendre.

« 1° *La Chambrée.* — Le vrai choix à faire
consiste ; 1° Pour la chambrée où on tire les
cocons ; 2° Pour les couleurs dont les marchands font plus de cas ; 3° Pour la taille, et, le
poids. La forme et les autres qualités des cocons,
et de ceux entre autres appelés peaux (*chiques*)
et enfin pour les doubles.

« Quoique je ne pense pas, que les maladies
des vers à soie se transmettent par hérédité, et
que je sois persuadé, que le changement en
bien ou en mal dépendent uniquement de la
manière d'éducation qu'on donne, on fait très-
bien cependant si on le peut, de ne choisir ses
cocons de graine que dans les chambrées qui
ont bien réussi. S'il y a quelque bonne influence
à en attendre, c'est surtout des éducations dont
les vers se sont montrés plus prompts soit dans
les mues, soit à la montée et au tilage. On doit
dans ce cas, se promettre que les papillons qui
en viendront écloront mieux, et qu'ils jouiront
d'une meilleure santé pendant le court espace
de leur vie. Si l'insecte s'est bien porté jusque
là, il est à présumer, qu'il sera tout aussi vigoureux dans la dernière étape de sa vie.

« 2° *La Couleur.* — La couleur des cocons des

vers que nous élevons ordinairement est un caractère très-équivoque, et n'indique pas une espèce particulière des vers d'où ils proviennent. Je ne connais que deux espèces de vers à soie dont les cocons soient constamment de même couleur. Ceux du Bengale qui les font orangés, et ceux de Nankin dont les cocons sont d'un beau blanc légèrement azuré. Les vers à soie que nous élevons de tout temps — dont les races ont peut-être été mêlées depuis plusieurs siècles avec ces deux premières — donnent indifféremment des cocons des quatre couleurs, savoir : l'*orangé*, l'*incarnat pâle*, le *blanc*, et le *vert céladon*. — La couleur des cocons n'est pas un signe qui caractérise une espèce particulière de vers, et ce qui le prouve c'est que les vers qui sont provenus de graine de deux papillons éclos, le mâle aussi bien que la femelle de cocons blancs, produiront dans la suite des cocons de toutes les couleurs susmentionnées.

« Ce que nous venons de dire de la couleur des cocons de graine, on peut l'appliquer à la couleur des vers à soie. Il y en a de trois couleurs dans l'espèce ordinaire ; savoir : les *blancs* qui sont en plus grand nombre, les *tigrés ou tachetés* et les *verdâtres* bien plus rares. Des tigrés ou noirs comme d'aucuns les appellent, élevés par Boissier donnèrent des cocons de chacune de ces trois couleurs, parmi lesquelles le blanc dominait. Cette expérience répétée l'année après donna à peu près les mêmes résultats.

« Le blanc ainsi qu'on vient de voir domine toute autre couleur lorsque les cocons proviennent d'une graine de cocons blancs. Ce rapport de couleur cependant est plus fort de beaucoup pour les incarnadins et pour les orangés c'est-à-dire que les vers produits de leur graine rendront encore plus de cette couleur. Ainsi on a raison de choisir pour cocons de graine les incarnadins, qui sont les plus estimés, étant plus assuré que le très-grand nombre de cocons qu'on recueillera sera exactement de la même couleur.

« Si on n'a égard qu'à la qualité et au prix de la soie, on préfère les cocons de graine blancs, mais on a remarqué que les vers, qui la produisent ne sont pas aussi robustes que les autres, ou qu'ils ne réussissent pas aussi bien. Les cocons de Nankin cependant doivent faire exception.

« Après les blancs, les marchands donnent la préférence aux incarnadins, et aux incarnats pâles, venus originairement d'Espagne, et dont la soie qui est plus fine rend plus au tirage que celle des orangés qui passent pour les pires de tous, quoique la soie des uns et des autres prenne la même couleur au tirage et que leurs vers réussissent également bien.

« 3° La *Taille*. — A l'égard de la taille ou du volume des cocons on donne avec raison la préférence aux plus gros, qui rendent proportionnellement plus de soie que les petits ; conséquemment moins de chrysalides dans le poids brut, mais la grosseur ne tire pas à conséquence pour ceux qu'on retirera de leur graine, la grosseur dépendant uniquement de l'éducation plus ou moins soignée. J'ai eu de la graine de vers qui avaient donné des cocons très-petits et qui donnèrent des cocons volumineux, et il m'est encore arrivé d'observer l'opposé. Outre cela une graine milanaise qui produit des petits cocons étranglés au milieu, ces cocons malgré leur petitesse donnent beaucoup de soie.

« D'après ce que nous venons de dire la grosseur est une chose très-indifférente dans le choix des cocons de graine ordinaire. Je conseillerais cependant de s'attacher aux plus pe-

tits qui seraient cependant susceptible d'accroissement par l'éducation. Comme la grosseur du cocon est correlative avec le volume du
papillon qui le produit il est à tenir compte de
cette espéce de paradoxe que les petits papillons donnent plus de graine que les gros, attendu que les grosses femelles n'ont pas toute
la vigueur nécessaire pour pondre tous les
œufs qu'elles porient dans leur ventre, et en
outre que les petites sont plus vives, plus robustes, ce qui fait qu'elles pondent jusqu'à leur
dernier œuf.

« En choisissant les cocons pour graine, il
conviendra de s'assurer du même coup si la
chrysalide n'est point morte ou desséchée. Si
elle est collée au cocon, elle ne fait ni bruit, ni
mouvement, si elle en est détachée, ou bien si
le cocon contient un muscardin, dans ce cas elle
rendra un son plus aigü : les coups des secousses rendent un son plus sec que lorsque la
chrysalide est en vie, et le cocon est plus léger
que son pareil qui contient une chrysalide vivante. Si la chrysalide est putréfaite il s'en
découle une humeur brune qui tache le cocon.
En outre la chrysalide vivante n'a toujours que
fort peu de jeu, et donne des coups sourds
lorsqu'on en secoue le cocon. Concluons donc :

« Que de prime abord il y aurait profit à se
servir, pour faire la graine des cocons de
rebut appelés peaux (*chiques*) ou bien les cocons
doubles, dont la soie est toujours bouchon-
neuse. Mais la graine provenue des doubles
nuit, il n'y a pas de doute sur cela, ne réussissant
pas comme on le voudrait. Il n'en est pas de
même cependant de la graine des chiques. C'est
un préjugé que je crois mal fondé, que la graine
obtenues par des papillons issus de cocons
chiques ne réussisse tout au plus que la pre-
miére année. Expérience faite, j'ai obtenu de
très-bons résultats, et un magnanier digne de

foi m'a assuré que depuis plus de quinze ans les graines de papillons issus de chiques et dont il se servait, lui avaient toujours réussi de manière à le contenter (29).

(29) Dans le choix pour cocons de graine on doit se proposer aussi la probabilité d'obtenir un nombre égal de mâles et de femelles, et dans ce but on indique le procédé suivant :

Pour cela, on prend 100 cocons qui pèsent — je suppose — 300 grammes. ou 3 grammes chaque. Comme les cocons femelles sont plus lourds que les cocons mâles, l'on n'a qu'à mettre sur le plateau d'une balance de précision le poids de 3 grammes. On voit tout de suite quels sont les cocons qui pèsent de plus de 3 grammes et ceux qui pèsent moins. De cette manière le graineur peut assortir numériquement les sexes. Les sexes se connaissent aussi à la forme des cocons. Les cocons qui se resserrent tant soit peu au beau milieu donnent ordinairement des cocons mâles : les cocons régulièrement ovoïdes renferment des papillons femelles.   G. L.

---

§ 11

DE LA NAISSANCE, DE L'ACCOUPLEMENT ET DE LA PONTE DU PAPILLON

« C'est vers la fin juin, que dans le climat des Cévennes, les papillons éclosent depuis environ le lever dn soleil jusqu'à 8 ou 9 heures du matin. Ces naissances trainent 8 à 10 jours ; et à la fin de cet intervalle au milieu duquel le gros de la troupe perce, les papillons sortent en grand nombre à la fois, si la saison est favorable.

« Dès que les cocons sont débavés on en coud tout au long une aiguillée de fil une certaine quantité, de manière à les disposer en chapelets : on en enfile plusieurs centaines pour les suspendre en guirlandes sur une perche. On détache les papillons à mesure qu'ils éclosent, et par ce moyen on garantit les cocons de la salissure que produit l'excrément liquide que le papillon élance quelquefois lorsqu'il est éclos et qui dépare les cocons à la vente.

« Ces chapelets demanderaient trop longtemps pour les faire, si les pontes étaient au-dessus de cinq ou six livres (2 kil. ou 2 kil. 1/2) de cocons. Lorsqu'il y en a davantage on place simplement les cocons débavés sur des clayons, où ils ne soient pas plus entassés que de trois ou quatre travers de doigts l'un sur l'autre.

« Il faut soigneusement surveiller ces clayons, pour transporter tout de suite les papillons aussitôt l'un après l'autre à mesure qu'ils apparaissent, sur une table destinée pour les accouplements. On évitera des inconvénients, en faisant pondre les papillons sur des morceaux d'étamine usée, on même sur tout autre étoffe dont le poil est tombé. Aussi couvre-t-on la table d'une étoffe lisse, qui sert en outre à recueillir les papillons qu'on aurait fait pondre sur des morceaux d'étoffe pendus à une corde au-dessus, et à une petite distance de la table (30).

(30) Pour procéder avec plus d'économie de temps et de soins dans ces diverses manœuvres, que demande l'éclosion du papillon et la ponte, on y réussirait peut-être mieux, en s'y prenant de la façon suivante :

Dès que le choix des cocons est fait, on les place sur des feuilles de fort papier grossier rendu gluant par une légère couche de solution de gomme dans l'eau, et étendus sur une surface plane. Ces cocons seront disposés côte à côte par rangées, distantes l'une de l'autre de 10 à 15 centimètres. Après 20 jours environ les papillons sortent de leur coque, et aussitôt éclos on les place sur une toile attachée au mur ou pendue à une corde tendue horizontalement (les sexes séparément) pour les laisser vider. Cela obtenu, et une fois les papillons séchés on approchera ensuite un sexe à l'autre et on posera les couples sur une table couverte d'une toile, jusqu'à leur désaccouplement. Si au lieu de toile on s'est servi de cartons, les cocons disposés l'un à côté de l'autre, en sachant que 150 femelles donnent environ 30 grammes de graine, on aura soin de disposer la même quantité de couples sur chaque cartons. Je pense que les japonais doivent procéder de cette manière. (Voir note 32.) G. L.

« Le local dans lequel on pratique toutes ces manœuvres, doit être à l'abri des chats et des poules, qui en sont friands, ainsi que des grandes chaleurs qui nuisent à la ponte et à la fécondation de la graine. Les papillons qu'on loge dans un endroit frais et pas humide, vivent plus longtemps, pondant plus à l'aise, se vident mieux de leurs œufs, et en donnent beaucoup moins de stériles. Pour ce qui est des cocons de graine, il n'en est que mieux de les tenir dans un endroit séparé : la naissance des papillons est plus prompte ou traînera moins.

« Les papillons mâles sont plus hâtifs à éclore que les femelles. Il en éclot davantage des premiers, le premier et le second jour. On a soin de les mettre à part, et de tenir en réserve les surnuméraires qui n'ont point de femelles ; on les garde pour le lendemain où a lieu une compensation, c'est-à-dire que le nombre des femelles qui éclosent excède le nombre des mâles.

« Il n'est pas bien mal aisé de distinguer les sexes. Le mâle est ordinairement de taille plus légère, toujours plus vif, plus frétillant, son derrière est relevé et est terminé carrément et évasé en pavillons de trompette. On le reconnait aussi à ses antennes fournies de cils ou poils noirs plus serrés que dans la femelle et enfin au battement de ses ailes, à la vitesse de ses mouvements pour rechercher la femelle toujours empressé et toujours caracolant.

« La femelle montre plus de décence, et plus de gravité dans la marche ; son large ventre qu'elle traîne pesamment annonce encore d'avance son sexe et sa fécondité. Ses antennes plus grêles, plus dégarnies de poils sont couchées sur les côtés et, pendant l'accouplement, ses ailes sont lâches et chiffonnées, immobiles et abattues.

« On dirait que le mâle n'y voit guère, ou que l'amour l'aveugle, car il marche à tâton. Il est donc quelquefois nécessaire de leur venir en aide lorsqu'on aperçoit leur embarras, et que leurs recherches durent trop longtemps. Ces animaux, dont la vie ne dure que quelques jours, acquièrent la puberté parfaite quelques heures après leur naissance, si tant est qu'elle ne soit congéniale. Les femelles qui manquent des approches du mâle, ne peuvent par cela même se délivrer que d'un petit nombre d'œufs stériles. Elles ne font après cela que languir et périssent prématurément, tandis que celles qu'on marie de bonne heure sont saines, vigoureuses, pondent beaucoup, et parviennent à prolonger leur existence de cinq ou six jours et même parfois de dix ou douze.

« Les femelles qui naissent les dernières courent risque de garder leur célibat, manque de mâles à leur offrir, à moins de recourir à quelques mâles qui ont déjà servi, et qu'on a désaccouplés, ou aux voisins dans le cas où ils en auraient à vendre.

« Les deux extrémités sont à éviter dans la durée de l'accouplement des papillons. Si l'on n'y met pas d'obstacle, les papillons d'ordinaire ne se désaccouplent spontanément qu'au bout de 24 heures et dès ce moment la femelle refuse constamment les approches de tout autre mâle que ce soit. L'accouplement poussé si loin devient souvent funeste aux femelles, dont la plupart meurent sans avoir pondu. Les femelles qui se seraient désaccouplées d'elles-mêmes pondraient leurs œufs sur la place de l'accouplement, ce qu'il faut éviter pour les raisons susdites.

« D'autre côté j'ai éprouvé que les femelles qui n'ont demeuré accouplées que trois ou quatre heures, et que je forçais de se séparer, tardaient jusqu'à deux jours à pondre, et ne donnaient que peu de graine, dont la plupart même était stérile. Il y a un terme moyen à prendre que les éleveurs les plus expérimentés ont adopté et qui consiste à ne séparer les mâles des femelles qu'après neuf à dix heures, d'accouplement, le plus grand nombre des couples dans ce temps de dix heures n'est pas encore séparé et la fécondation est suffisante. Il n'y a tout au plus que les dernières graines de stériles. Enfin après ce terme on désaccouple sans violence et sans tiraillement qui pourraient nuire aux organes de la femelle. (31)

(31) L'opinion la plus probable sur le mécanisme à l'aide duquel s'effectue la fécondation est encore aujourd'hui (1881) celle que professait Malpighi, à savoir que la liqueur fécondante du mâle est mise en dépôt pendant l'accouplement dans un réservoir placé de manière à pouvoir humecter les œufs à leur passage. Ces graines placées dans le long et tortueux boyau qui constitue l'ovaire et remplit toute la capacité de l'abdomen sont probablement fixés par un petit cordon à la paroi de ce boyau, comme les graines végétales dans leur gousse se détachent alors qu'ils sont expulsés l'un après l'autre en laissant une ouverture sur la coque (*micropyle*) par où entre le spermatozoïde pour pénétrer dans l'œuf jusqu'à la cellule germinale et la féconder par sa propriété catalytique et cela au moment où l'œuf frôle en passant la liqueur fécondante. Telle est la théorie hypothétique, si l'on veut, mais la plus probable du mécanisme à l'aide duquel peut s'accomplir cette merveilleuse fonction de la fécondation, mécanisme, qui paraît être le seul adopté par la nature dans les deux règnes, le végétal et l'animal.

Il y a un fait cité par Boissier qui peut mettre sur la voie les éleveurs qui se préoccupent du croisement des races pour se rendre compte des résultats qu'on peut en obtenir.

Une magnanière qui, au moment de la ponte de ses papillonnes se trouvait au dépourvu de mâles eut recours à une de ses voisines pour s'en procurer. Les mâles qu'elle put obtenir appartenaient à l'espèce des Nankins, tandis que ses femelles à elle appartenaient à l'espèce ordinaire cultivée dans les Cévennes. Tous les vers provenus de ce croisement, pas un excepté produisirent des cocons purs Nankins, sans même de bigarrures d'aucune couleur. Ainsi, d'après Boissier les mâles chez les papillons contribueraient uniquement à la production de leur espèce. Est-ce une règle générale, sans exception ? Le sexe féminin ne fournirait-il que le matériel pour l'embryonnement et le spermatozoïde le façonnerait-il catalytiquement à son image du même coup qu'il le vivifie ? Je préfère m'en tenir à la demande plutôt que de me compromettre en donnant une réponse.   G. L.

« La quantité de liqueur fécondante que le mâle injecte dans le réservoir de la femelle dans l'espace de dix heures est suffisante pour le remplir. La plupart des femelles semblent l'indiquer par les efforts qu'elles font alors pour se débarrasser du mâle, qui ne se prête pas lui-même à cette séparation. On l'effectue aisément en prenant l'un et l'autre papillon par les ailes et tout doucement les tirant en sens contraire.

L'on jette le mâle, qu'on aura détaché, aux poules, si toutefois on ne croit pas d'en avoir besoin le jour après. L'on applique tout de suite la femelle fécondée sur la toile ou l'étoffe suspendue ou sur une feuille de noyer qu'on aura préparée pour la ponte, ou pour mieux dire sur n'importe quoi on veut conserver la graine (32).

(32) Si l'on fait déposer la ponte sur des cartons, comme ceux qui nous proviennent du Japon, il faudra que ces cartons aient une grandeur suffisante pour contenir à leur aise une centaine de pondeuses environ, si l'on veut établir approximativement la quantité de graine que peut rendre un carton. J'ai dit une centaine de pondeuses, parce qu'en admettant que quatre pontes produisent un gramme de graine, les cent en produiront vingt-cinq, qui est le poids de l'once qui est en commerce aujourd'hui.

Dans le système de *grainage cellulaire* les papillonnes sont placées immédiatement après avoir été désaccouplées, dans un cellulier ayant des cases d'une dimension suffisante à permettre à la pondeuse de pouvoir se retourner. En plaçant ce cellulier sur une toile pas trop serrée, pour ne pas empêcher l'air de la traverser, et étendue sur une table ou sur le parquet, une fois que la ponte sera accomplie, on découpera la toile par le long et par le large pour obtenir des carrés, sur lesquels la graine aura été pondue. Il faudra avoir la précaution de couvrir le cellulier d'une autre toile pour empêcher que la pondeuse ne trouve point la place où on l'aura mise à son idée et tâche de la changer. Aujourd'hui, maints graineurs livrent au commerce leurs graines dans de petites bourses ou sachets qu'ils appellent cellules, chacune desquelles contient une ponte, et le cadavre momifié de la mère qui l'a déposé. Ces petites bourses ont d'ordinaire une longueur de 10 centimètres, et une largeur de 7. Elles sont en gaze et ne présentent qu'une ouverture en haut, et cette ouverture se ferme et s'ouvre à volonté par un nœud coulant. Avant de s'en servir, on les moule en y introduisant un cylindre en bois d'une circonférence un peu moindre de celle de la cellule. Cela fait,

on replis les angles du fond pour arrondir la cellule on
frappant sur une surface plane et solide pour donner à la
gaze amidonnée une forme ronde. Au moment voulu, on
introduit le mâle et la femelle dans la cellule placée de
bout sur une table ou sur le parquet, où ils s'accouplent, et
restent accouplés plus ou moins longtemps à la volonté de
l'éleveur. On jette le mâle, et la femelle passe le reste de
sa vie en compagnie de ses œufs.   G. L.

« Dès que la femelle est libre, et qu'elle a
été accouplée pendant un temps convenable,
elle se met sous peu à pondre, ce qu'elle fait
en trois ou quatre reprises. A chaque œuf qu'elle
pond, elle humecte d'une matière visqueuse la
place où il doit être collé, en y appuyant le derrière, et dans ce moment l'œuf est pondu et
collé. Cette colle dont il est enduit lui-même a
la propriété singulière de sécher presque instan-
tanément. Les papillons qui ne collent pas leurs
œufs en pondent peu, comme je l'ai observé
d'une femelle, que je n'avais laissé accouplée
que trois heures.

« Les papillonnes qui pondent dans une
pièce éclairée éparpillent beaucoup leurs œufs,
et les fixent tout au plus l'un à côté de l'autre s'ils
ont suffisamment de place, elles les entassent
au contraire dans l'obscurité, et les resserrent
tout autour d'elles, sans presque bouger de leur
place, ce qui produit des groupes de graine qu'on
appelle en commerce *graine en grumeaux*, et
que les acheteurs préfèrent à celle qui est égrénée. Il est aussi facile, comme on le voit, de
faire de la graine égrénée avec de la graine en
grumeaux, ainsi avec de celle en grumeaux en
faire de l'égrénée.

Un papillon de taille ordinaire pond environ
450 graines en moyenne. Après cette grande
évacuation les papillons ne font plus que languir,
et déclinant de jour en jour parviennent bientôt
au terme de leur existence (33).

(33) Boissier conseille aux magnaniers de se faire graineurs pour leur compte, et dans la mesure de leurs besoins,

Il leur dit dans une note placée à l'avant dernière page de son ouvrage que : « Il y a considérablement à gagner à faire pondre — indépendamment de la qualité de la graine dont on est plus sûr — car parfois on vend celle-ci autant et plus qu'on n'aurait vendu les cocons qu'on se sert pour cet usage, et l'on a encore par dessus le marché les cocons percés qui ont aussi une valeur, en servant à faire la fantaisie. » Il aurait pu ajouter que les petits éleveurs n'y perdraient pas beaucoup en faisant le double de graine de la quantité qu'il leur faut, pour pouvoir faire l'année suivante une éducation de remplacement, dans le cas où la gelée de la feuille les aurait surpris au moment de la naissance des premiers vers mis en incubation dans l'espoir d'une saison favorable. Ce serait une économie malentendue que de regarder à deux ou trois kilos de cocons pour s'assurer une ressource contre l'imprévu, et la possibilité de renouveller l'éducation manquée, sans avoir recours aux vendeurs de graine, dans un moment où il y en aurait disette.

G. L.

TROISIÈME PARTIE

CHAPITRE 1er

NOTIONS COMPLÉMENTAIRES

§ 1er

LOGEMENT DES VERS A SOIE

« Le logement que les vers occupent à leurs derniers âges contribuent beaucoup à leur réussite. C'est principalement pour cela que l'on construit de nouveaux bâtiments, ou qu'on choisit les plus propres parmi les existants.

« La première chose dont un habile magnanier doit se préoccuper c'est d'examiner d'avance l'exposition et la construction du local qu'on lui destine, parce que si ces deux conditions ne sont pas telles qu'elles doivent être il faudrait beaucoup d'habileté, de vigilance et d'attention continuelles pour réussir, tandis qu'on a des succès avec une capacité médiocre et des soins ordinaires, lorsqu'on est aidé d'un bon atelier. J'en ai vu de cette espèce où les éducations réussissaient constamment sous différents magnaniers, qui avaient échoué ailleurs, quoique leur couvées, et le commencement de leurs éducations manquées eussent été faites selon les bonnes règles.

« *Exposition.* — Lorsqu'on est le maître de choisir l'emplacement pour une magnanerie on doit chercher de mettre les vers à l'abri d'un air stagnant et humide, ou d'une trop forte chaleur du soleil.

« Sont donc à éviter :

« 1° Les fonds des vallons et les plaines peu ouvertes. Les exhalaisons qui s'en élèvent y croupissent, et l'air y retient plus longtemps ces mauvaises qualités que sur les hauteurs plus exposées au vent ;

« 2° On s'éloigne aussi autant qu'on le peut des marais, des étangs, des rivières même à cours lent et tranquille qui rend l'air humide par les brouillards qui y font leur séjour ordinaire. Le voisinage des bois, des forêts, n'est pas moins à craindre par les vapeurs qui s'en exhalent dans les temps calmes et couverts. Il n'est guère possible de réussir dans ces endroits qu'en faisant du bon feu et surtout de flamme, si le brouillard se présente, et en bouchant à l'air extérieur toutes les ouvertures qui se trouveraient du côté du bois où de la forêt ;

« 3° Il faut enfin éviter les expositions trop chaudes telles que celles au pied d'un rocher où d'une colline tournée au couchant ou au midi, la chaleur réfléchie faisant de ces endroits des vraies fournaises où les vers souffriraient beaucoup à leurs derniers âges, ce qui doit cependant s'entendre relativement à la température du climat. Ces expositions seraient favorables dans les provinces où il fait plus froid.

« Les expositions les plus favorables sont celles du haut d'une butte, d'une colline, d'un tertre, où l'air est plus frais, plus sec, plus agité et les brouillards moins fréquents, que le moindre souffle dissipe et les empêche de nuire. Les vers à la montagne sont très-robustes, et exempts de maladies. L'excellence du milieu remédie aux inattentions qu'on peut commettre et même aux défectuosités que peut présenter la construction du local.

« *Construction.* — Si l'on battit à neuf, et

qu'on adopte la figure d'un carré long — qui est celle qu'ordinairement on préfère — il est mieux de diriger la longueur, si c'est possible, du midi au nord, de manière que ce soient les deux bouts qui se trouvent être les murs du pignon dans cette ligne, et de les construire d'une maçonnerie épaisse qui garantisse d'un côté de la chaleur, et de l'autre du froid. On doit ordinairement s'interdire, du coté du couchant toutes ouvertures, qui devraient plutôt être percées du côté du midi. On ferait cependant très-bien de s'en tenir, en fait de fenêtres, à des lucarnes suffisantes pour donner le jour aux ouvriers ; et il vaudrait mieux encore que les ouvriers ne fussent éclairés que par une lampe, et que dans le cas où il y eut des fenêtres, les tenir fermées pendant la saison des vers. De cette manière on se rend plus maître de donner une température convenable lorsqu'il y a quelque chose à craindre de celle du dehors, et qu'on se trouve dans des endroits malsains ou à des expositions défavorables. Par ce moyen on se garantit encore mieux des vents toujours incommodes et souvent nuisibles, soient-ils brûlants où humides.

« *Distribution intérieure.*—Elle consiste dans un rez-de-chaussée et un seul étage divisé en une grande et une petite pièce. Le rez-de-chaussée sert ordinairement dans les derniers âges de magasin à serrer la feuille pour la maintenir fraîchement et l'empêcher de se flétrir. Il n'y faut d'autre ouverture par les côtés que celle d'une petite porte tournée au nord, et qu'on n'ouvre que pour y entrer la feuille et pour la sortir. On a dû pratiquer au plafond du rez-de-chaussée des soupiraux ou des trappes qu'on tient bouchés et qu'on ouvre à l'occasion de devoir rafraîchir l'atelier dans les fortes chaleurs. Ces mêmes ouvertures servent à réchauffer l'air de la magnanerie, si besoin il y a, et

cela en faisant des feux de flamme au-dessous
des trappes ou des soupiraux. Moyennant ces
feux on établit des courants d'air très-utiles
pour dissiper les vapeurs stagnantes et tout ce
qui peut nuire à la salubrité de l'air que les vers
respirent. Dans le cas d'avoir besoin de ces feux
on transporte la feuille dans une cave, un cellier, ou dans tout autre local frais.

« Pendant les premiers âges les vers à soie
pouvant tenir dans un petit espace, se couten-
tent d'être maintenus dans la petite pièce dont
il est question quelques lignes plus haut, où l'on
puisse les réchauffer avec moins de feu. Ce qu'il
y aurait de plus convenable ce serait de retrancher de la grande pièce un tiers ou un quart à
son extrémité du côté du midi. Cette séparation
se ferait au moyen d'une cloison, qui ne mon-
terait qu'à la hauteur du milieu ou des deux
tiers de la hauteur de la grande pièce, avec
laquelle elle communique en bas par une porte
et en haut au-dessus de la séparation. Si l'on
était obligé d'établir cette pièce à un rez-de-
chaussée, on la rendrait saine au moyen du
feu qu'on y ferait.

« La grande pièce doit avoir sous faîte 5 mètres
1/2 de hauteur, plus ou moins selon que le pays
est sujet à de fortes chaleurs, ou qu'il est froid. Il
y a dans une pièce bien exhaussée moins de précautions à prendre pour garantir les vers à soie
de tout accident dans tous les âges, et surtout
aux derniers. Aussi réussissent-ils bien dans les
châteaux antiques à grandes et hautes salles.
Cependant dans une pièce plus basse ou dans
un climat plus froid on réussirait également
bien si l'on pouvait chauffer plus aisément.

« Quelque élévation intérieure qu'ait la magnanerie il lui faut des ouvertures pour laisser
échapper l'air, la chaleur et la fumée. L'endroit
le plus propre pour pratiquer ces ouvertures
est le haut du toit et des murs.

« Il y a diverses manières pour établir ces échappées. On peut laisser au haut du toit une bande de tuiles à clair-voie, large de 30 à 50 centimètres tout le long du comble ; ou bien en pratiquant en haut des murs du pignon une ou deux lucarnes de 50 à 60 centimètres de hauteur, et de 15 à 20 de largeur avec l'embrasure en dedans, et en en pratiquant une seconde en regard de la première dans le mur opposé. Si l'on craignait que les vents qui entrent par ces lucarnes pussent atteindre les vers, il faudrait disposer ces lucarnes en abat-jour de façon que l'abat-jour plonge en bas du dedans en dehors, et que l'embrasure soit en dedans. Dans ce cas on donne aux lucarnes 12 centimètres de hauteur verticale, et 50 ou 55 de largeur horizontale. Par cette construction des lucarnes, si l'on ménage un espace vide entre la claie supérieure et le toit de deux mètres environ, certainement les vers n'auront plus à craindre d'être incommodés par les vents, par le soleil, ni par la lumière. Par contre la fumée, et les vapeurs chaudes du dedans trouveront une libre issue (34).

(34) Au lieu de trappes pratiquées dans le plancher de la magnanerie, il est préférable, à mon avis, de percer des soupiraux construits comme les lucarnes, et placés presque au niveau du plancher sous les croisées s'il y en a, ou tout au long des deux côtés du mur, tournés à l'est et à l'ouest, et à la distance l'un de l'autre de 2^{m}50 ou de 3. Ces soupiraux seront munis d'un volet de toile ordinaire ou de toile métallique, pour empêcher l'entrée aux insectes et aux rats et d'un autre volet en bois, pour pouvoir les fermer au besoin. Toutes les croisées devront être munies elles aussi d'un volet dormant de toile métallique ou de toile commune blanche, ou bleue ou verte claire, et d'un volet intérieur en bois pour donner la quantité de lumière que l'on veut, et la supprimer complètement si l'on croit bon le système d'éducation dans l'obscurité. Dans le cas pourtant où l'éleveur voulut pouvoir fermer les croisées sans intercepter la lumière, il faudrait un troisième châssis vitré, comme dans les maisons d'habitation, soit pour empêcher la sortie de la chaleur, soit pour éclairer les ouvriers. Règle générale : ni la porte d'entrée, ni les croisées ne sont faites pour établir des courants d'air ; ce sont

les soupiraux d'en bas et d'en haut qui doivent servir à cet usage. Le courant se fait insensiblement, mais d'une manière plus douce et sans écart de température.

G. L.

« Mais comme peu de personnes sont en état de faire la dépense d'un grand bâtiment, ou n'ont pas beaucoup de feuille pour une éducation considérable, on est obligé de se tenir aux logements tels qu'on les a, et d'autant mieux, que les petites éducations sont celles qui rapportent le plus, et dont l'issue est moins incertaine. Ce que nous venons de dire pourra guider les éleveurs dans le choix des pièces d'un logis, et pour l'approprier à cet usage s'il ne s'agit d'y faire que de petits changements.

« On réussit de bien des façons et dans bien des sortes de logements, mais j'ai toujours remarqué que pour obtenir les réussites on mettait son petit bétail à l'abri du vent, de l'humidité et de la chaleur de l'atmosphère.

« On peut dire en général que dans les pays de plaine les greniers sont peu propres à loger les vers si la couverture en est basse, ou bien en appentis, et si en même temps l'appenti tourne vers le couchant ou le midi, dans lequel dernier cas on y étouffe pour peu que le soleil y darde.

« Les rez-de-chaussées sont ordinairement humides à moins qu'ils ne soient construits sur le modèle de la petite étuve dont il est question plus haut. Le feu y remédierait tant bien que mal, mais en général il vaut mieux se servir de ces locaux pour y entreposer la feuille.

« Les pièces les plus convenables d'une maison, — si elles ont, d'ailleurs une élévation suffisante — sont celles du premier ou du second étage, et parmi ces pièces celles qui tournent au nord, ou qui sont dans l'intérieur du logis et entourées d'autres pièces, celles-ci sèches et fraîches. On y jouit plus qu'ailleurs de la température si convenable aux derniers âges, et sont faciles à chauffer, si les vers manquent de chaleur.

« Il faut donner la préférence — bien entendu aux derniers âges de l'insecte, — à un petit cabinet suffisant pour les premiers à celles dont le plancher ou la couverture sont plus exhaussés, ou comme de vrais galetas. Il importe peu que les murs en soient crevassés, que les portes et fenêtres joignent mal, bien loin de là. Les paysans des Cévennes réussissent bien pour la plupart dans leurs masures qui ne sont rien moins que calfeutrées. J'ai connu de ces paysans que le malheur poursuivait dans leurs éducations, depuis qu'ils avaient substitué maladroitement à leurs masures un bâtiment qu'ils croyaient devoir leur faire plus d'honneur et leur donner plus de bénéfices.

« Il est vrai que les vers logés de cette manière ne sont pas à l'abri d'1 froid, mais le froid ne leur fait d'autre tort, que de leur prolonger na vie, si on ne les garantit en faisant du feu. IDu reste on en fait impunément sous un toit à claire-voie ou sous un plancher bien percé. La chaleur du feu — on ne saurait trop le dire — est l'esprit vivifiant de nos insectes.

« On ne doit pas conclure de ce qu'on vient de voir que les vers à soie ne puissent pas bien réussir dans des expositions toutes différentes de celles que j'ai assignées. C'est ce dont j'ai été témoin ; mais j'ai aussi remarqué que c'était pour une petite éducation, ou dans une saison des plus favorables.

« Dans tout autre cas, un magnanier habile a besoin pour réussir de déployer toutes les ressources de l'art, celles que l'expérience peut lui fournir pour maintenir son petit bétail en santé et l'amener à bien jusqu'au bout.

« Les magnaniers de cette espèce, rendent presque toute sorte de logement propre à cette éducation, en ménageant la chaleur du feu, en ouvrant ou fermant à propos les seules ouvertures dont il peut disposer. J'ai connu un magnanier entre autres qui a réussi pendant trente ans, dans une pièce des plus disgraciées pour les vers à soie, où les autres avant lui avaient échoué (35).

(35) Les règles les plus générales proscrites par Boissier, et de son avis même les meilleurs à suivre à l'égard des constructions et expositions des bâtiments qui doivent servir de magnanerie ne sont pas si immuables, qu'elles ne puissent admettre quelques exceptions selon les circonstances où le magnanier ou le bétail peuvent se rencontrer. Certes, plus on sera exact dans leurs applications et plus on aura à se louer des résultats. Mais d'après ce que Boissier dit à maintes reprises dans son ouvrage que dans l'art séricole l'à peu près joue le rôle capital, il ne faudrait pas que le magnanier n'eût à se considérer comme un outil inconscient, dans toutes les circonstances dans lesquelles il peut se trouver.

G. L.

§ 2

AMEUBLEMENT ET ENGINS DE LA MAGNANERIE

« Le *corbillon*, le *clayon* et la *claie* sont les trois ustensiles sur lesquels le ver à soie passe son existence, depuis la naissance jusqu'à la montée à la bruyère. Le *corbillon* reçoit les nouveaux-nés au moment de leur éclosion, le *clayon* qui ne quitte pas la petite pièce de l'appartement sert dans leur enfance pour assortir les classes, et pour les amener jusqu'à l'adolescence, époque de la vie de l'insecte où il passe sur la *claie* dans la grande pièce de la magnanerie.

« Le *corbillon* ou *gavagne*, et le *clayon* ou *éventaire* sont en osiers; le premier à la forme d'un panier, et en est réellement un, et le second n'est en réalité qu'une petite ou mieux une demi-claie. La *claie* fait le fond d'un châssis

construit on bois léger de la hauteur de cinq à
six centimètres, qui est suffisante pour empêcher
les vers de tomber. Sur ce fond se tiennent les
vers jusqu'à la montée. Cette claie est en planches de bois ou en liteaux, en brins d'osiers ou en
roseaux entrelacés, ou en sparterie et même en
toile, qui une fois fixée au châssis, leur ensemble forme une *tablette*. Ces *tablettes* ont une
forme carrée longue, une largeur de 70 à 80 centimètres et une longueur du double environ.
Selon quelques sériculteurs il faut 35 à 36 mètres
carrés de tablettes pour une once de graine, et d'a-
près d'autres 50 mètres carrés suffisent à peine.
Cet écart d'appréciation provient de l'étendue
de l'espace qu'on accorde à chaque ver selon la
méthode d'éducation adoptée par l'éleveur.

« *Porte corbillon*: il n'est qu'une corde fixée au
plafond de l'étuve qui le tient suspendu au milieu de la pièce, et à la hauteur convenable pour
qu'on puisse surveiller les petits vers que le
corbillon contient et leur administrer la feuille.

Le *porte clayon* ou *escalas* consiste dans un
petit échaffaudage susceptible de porter la quantité de clayons dont on croit pouvoir avoir besoin et les y disposer par étages. Ce meuble est
assez léger pour pouvoir facilement changer de
place à volonté.

« Voilà le matériel meublant la petite pièce
de la magnanerie pendant les premiers âges de
l'insecte. J'ajouterai seulement que cette pièce
tant petite soit elle a besoin souvent d'être
chauffée ce qui implique qu'elle doit être munie d'une cheminée ou d'un calorifère quelconque.

« *Porte tablettes*. Le parquet, une table, des
trétaux peuvent servir pour y poser et y maintenir les tablettes ; mais comme disposées de
cette manière, elles occuperaient un espace
incompatible avec les dimensions de la magnanerie (relativement à la quantité de vers qu'on

vout y cultiver), l'éleveur est obligé de les placer de manière à ce qu'elles occupent le moins de surface possible. Pour cela faire il n'a qu'a multiplier les surfaces de pose, ce que l'on obtient en les superposant les unes sur les autres. De cette façon on agrandit, pour ainsi dire, le local, de tout l'espace que ce local présente en hauteur.

« Cette économie de local peut être obtenue au moyen de supports construits de manière à présenter la facilité de disposer les tablettes dans des conditions de salubrité pour les vers, et de commodité pour l'éleveur, et comme condition accessoire, mais non sans importance, que leur construction ne revienne qu'au plus bas prix possible.

« Voici ce que Boissier propose pour construire un *étau*, ou *atelier*, ou *échafaudage*, ou *charpente*, ou enfin *châtelet* sur lequel on devra placer les tablettes, et les y disposer en rayonnage, ou on étage l'une au dessus de l'autre.

« Les tablettes sont soutenues par des montants ou pieds droits et par des traverses. Les montants sont debout sur le plancher. Les traverses sur lesquelles portent immédiatement les planches, ou claies qui forment tablettes, sont posées horizontalement et de niveau d'un montant à l'autre, et ces traverses portent elles mêmes sur des grosses chevilles qui tiennent au montant, avec une saillie de 15 à 20 centimètres.

« Le magnanier en construisant l'échafaudage pour supporter les tablettes doit s'y prendre de manière 1° à pouvoir manœuvrer librement tout autour ; 2° d'avoir la facilité de porter la main partout où il y aura des vers ; 3° il doit disposer les tables de façon que les vers aient de l'air ; 4° prendre assez bien ses dimensions pour que le nombre des tables soit proportionné à la quantité des vers qui doivent y tenir à la fin du 5° âge.

« On remplit ces différentes vues en donnant à chaque tablette une largeur de 2 mètres environ, et pour ce qui est de la longueur on ajoute à chaque rang les tables bout à bout autant que l'étendue de la pièce peut le permettre et que la quantité du bétail l'exige. On soutient ces tables de 2 mètres en deux mètres avec des montants et des traverses, de crainte qu'elle ne vinssent à plier si elles avaient plus de portée.

« Il faut de plus, que les tables de différents étages soient espacées l'un de l'autre 50 centimètres environ. Le moins qu'il y aura d'étages ce ne sera que le mieux. On ne fait que trois ou tout au plus quatre étages, et de manière que les deux ou trois étages inférieurs soient à la portée de la main, sans avoir besoin d'échelle.

« Cet échafaudage sera entouré d'un passage de la largeur de deux mètres environ pour la commodité du service, et pour que l'air puisse circuler librement.

« Plus on laissera d'espace entre les tablettes d'en haut et le plafond ou le toit, et mieux cela vaudra.

« Les habitants de certains cantons des Cévennes construisent leur charpente de manière à y placer, et y maintenir leurs tablettes à demeure. On assemble à tenons et à mortaises les montants et les traverses, plutôt que lier les uns aux autres par des harts (*espèce de lien fait d'osier*) au-dessus des chevilles, comme on est dans la coutume de faire ailleurs, d'une façon moins solide. Les montants ont une hauteur convenable, proportionnée à la hauteur du plafond pour pouvoir les diviser en 4 ou 6 étages, tout en laissant un espace entre la tablette supérieure et le plafond d'un mètre et demi environ. Au lieu d'employer des planches pour soutenir les tablettes, mieux vaudra une claie de gaules, ou de roseaux et encore mieux de toile, à condition de soutenir cette toile par deux traverses

en lattes placées à égale distance entre elles,
et les deux bouts de la tablette. Il y a des
éleveurs qui soutiennent la toile moyennant
une grille en fil de fer à très-large mailles. L'air
passera librement à travers cette claie de toile,
et l'on sait qu'il n'y a jamais trop d'air pour
l'insecte, à moins que cet air ne frappe pas l'insecte avec la violence orageuse du vent.

« Lorsque les vers, issus d'une once de graine
sont parvenus à la dernière limites de leur grosseur, il faut dix tablettes de la dimension approximative de la longueur d'un mètre et demi
environ sur quatre vingt centimètres de largeur.
Il n'en faut que huit pour une éducation de cinq
à six onces ; et dix si l'éducation est de dix huit
à vingt onces. Dans ce calcul il convient de partir
de la donnée pratique que dix tables ramées et
bien garnies de vers rendent 100 livres de
cocons (environ 48 à 50 kilos poids décimal) en
supposant toujours une bonne réussite.

« On le voit. Plus l'éducation est considérable
et moins il faut de tablettes, parce que dans les
meilleures réussites, plus les éducations sont
importantes, moins elles produisent de cocons,
relativement.

« Les florentins, pour petites éducations, emploient de petits châtelets ayant à peu près un
mètre et demi carrés de largeur sur deux mètres de hauteur. Ces châtelets sont portatifs et
très-commodes pour la manœuvre. Ils sont for-
més aux quatres coins de quatros batons fixés à
plomb sur un empatement en croix. Chaque
baton est percé de dix trous et n'a que six ou
sept chevilles mobiles, sur lesquelles portent
les traverses, et sur celles-ci les *esteres* ou *nattes*
en jonc, autrement la claie. Ainsi ces châtelets
se tiennent debout et ne sont affermis que par
leur propre poids. Ils ont cela de commode qu'on
les dresse en moins d'un quart d'heure pour les
placer partout où l'on veut, et qu'on peut haus-

ser ou abaisser les claies selon le besoin. Les six ou sept claies qu'ils supportent sont placés ordinairement aux six ou sept chevilles d'en haut, à la distance d'une vingtaine de centimètres l'une de l'autre. Les chevilles d'en bas, qui ne portent point de claies servent pour les claies d'en haut, qu'on voudrait baisser, soit dans le but de les placer à une température plus basse, soit pour les mettre à la portée du magnanier (36).

(36) Les mauvaises conditions dans lesquelles se trouve actuellement l'industrie séricole par suite de la concurrence étrangère et des récoltes plutôt ruineuses, que rémunératrices, ont entraînés les sériculteurs à s'occuper sérieusement à résoudre le problème, qui consiste à trouver les moyens de réaliser de meilleurs récoltes avec plus d'économie de feuille et de main-d'œuvre. Ce n'est, en effet, qu'à l'aide de ces deux moyens, que la sériculture franco-italienne pourra recouvrer le degré de prospérité nécessaire à la rendre suffisamment fructueuse pour tenir tête à la concurrence étrangère, d'où qu'elle nous vienne.

Ce problème que de prime abord a toute l'apparence d'être insoluble, serait déjà résolu à l'heure qu'il est, si l'on doit prêter foi (et aucune considération ne s'y oppose) aux résultats pratiques obtenus par des expérimentateurs italiens dont on ne saurait contester ni la compétence ni l'habileté. Je fais allusion à la mise en pratique du châtelets à la frionlane, beaucoup plus rationnel que ceux dont on se sert ordinairement, tant au double point de vue économique, que sanitaire. Il faut que j'ajoute cependant que :

Au point où j'en suis avec mon analyse récapitulative de l'ouvrage de Boissier, l'ordre logique m'imposerait d'informer mes lecteurs de la construction et du maniement de ce meuble. Mais voulant le faire avec toute la précision désirable sans négliger les variantes méthodique de l'éducation des vers à soie qu'il implique, il me faudrait franchir les limites d'une simple note, et m'étendre au-delà des considérations qui se rapportent au but de cet ouvrage. C'est pourquoi, voulant cela néanmoins instruire mes lecteurs sur ce sujet, je crois mieux faire en y consacrant un chapitre spécial que je placerais à la suite de ce qui me reste encore à reproduire de l'ouvrage de Boissier.   G. L.

§ 3

INSTRUMENTS PHYSIQUES

1° Le *Thermomètre*. Les magnaniers du temps de Boissier des Sauvages suffisaient seuls pour satisfaire aux diverses indications inhérentes à l'éducation des vers à soie et entre autres — ainsi qu'il a déjà été dit plus avant — on s'est servi de poêle ou d'une autre source de chaleur quelconque pour couver les graines, et de thermoscope pour maintenir les vers à la température voulue par leur nature. Ils fournissaient ainsi la chaleur nécessaire à l'incubation dans le premier cas, et ils appréciaient par leur sensibilité la température atmosphérique de la magnanerie dans le second cas, pour la modérer si elle les fatiguait, et pour l'augmenter lorsqu'elle n'atteignait pas le degré voulu par leur manière de sentir. Heureusement que la nature donne à chaque être vivant le degré convenable de latitude physiologique pour supporter impunément toutes les vicissitudes du milieu dans lequel chaque être est destiné à passer son existence. L'insecte de la soie peut braver les températures les plus disparates selon la phase dans laquelle il se trouve. A l'état de graine il résiste à un froid de 13 degrés Réaumur au-dessous de zéro, et une fois né il endure assez facilement les températures de 35 à 40 degrés de chaleur. Malgré cependant cette aptitude, qui le rend pour ainsi dire cosmopolite, il ne faudrait pas croire que s'il vit dans plusieurs climats il puisse prospérer partout. A ce point de vue économique les magnaniers savent qu'à l'instar de nous le ver à soie ne se trouve vraiment bien que dans les températures moyennes de l'échelle thermométrique et dans un air pas trop humide, ou non rendu méphtique par des gaz irrespirables ou par des émanations préjudiciables même à la santé de l'homme.

Il faut donc que le magnanier se conforme à toutes ces exigences physiologiques de son élève pour prévenir toutes les maladies consécutives aux diverses infractions de ces exigences qui à elles seules peuvent souvent décider de l'issue des éducations. Puisqu'il est appelé à profiter de la réussite, raison veut qu'il soit rendu responsable si non toujours, au moins bon nombre de fois des insuccès, insuccès qu'il ne saurait éviter sans se préoccuper assidûment de la mise en pratique des règles et préceptes hygiéniques que nos vieux maîtres en sériculture nous ont légués et parmi lesquels, maîtres à mon avis, Boissier occupe la première place.

Les colons sous la dépendance de cet illustre cévennol, habitués à se servir de leur aptitude sensitive pour régler la température de leur magnanerie, en se conformant peu à peu aux conseils de leur maître, eurent à se louer de l'usage de l'instrument adopté par Boissier dénommé par eux *Reglet* comme l'ayant reconnu plus capable de régler la température qu'eux-mêmes ne l'étaient par leur organe tactile. Le thermomètre de Réaumur d'après Boissier, prit place parmi les meubles et ustensiles d'une magnanerie et on peut dire qu'aujourd'hui aucun sériculteur digne de ce nom, ne peut plus s'en passer.

Actuellement les thermomètres dont on se sert le plus sont ceux de Celsius à échelle centigrade et de Réaumur à échelle octantigrade. Le point de départ de l'échelle de l'un et de l'autre est le même, c'est-à-dire que le zéro est placé au degré de la neige fondante, à la différence du thermomètre anglais de Fahrenheit

TABLEAU COMPARATIF
Des Échelles thermométriques de Réaumur, Centigrade et Fahrenheit

ÉCHELLE ASCENDANTE			ECHELLE DESCENDANTE		
R	C	F	R	C	F
0	0	32 »	0	0	32 »
1	1.25	34.25	1	1.25	29.75
2	2.50	36.50	2	2.50	27.50
3	3 75	38.75	3	3.75	25.25
4	5 »	41 »	4	5 »	23 »
5	6.25	43.25	5	6.25	20.75
10	12.50	54.50	6	7.50	18.50
15	18.75	65.75	7	8.75	16 25
20	25 »	77 »	8	10 »	14. »
25	31.25	88.25	9	11.25	11.75
30	37.50	99.50	10	12.50	9.50
35	43.75	110.75	11	13.75	7.25
40	50 »	122 »	12	15 »	5. »
45	56.25	133.25	13	16.25	2.75
50	62.50	144.50	14	17.50	00.50
55	68.75	155.75	14.22,23	17,78	00.00.01
60	75 »	167 »			
65	81.25	178.25			
70	87.50	189.50			
75	93.75	200.75			
80	100 »	212 »			

1° Pour convertir les degrés de Fahrenheit en degrés centésimaux, il faudra en retrancher 32, et ensuite multiplier par 5, et diviser le produit par 9.

2° Pour faire l'inverse, c'est-à-dire convertir les degrés centésimaux en degrés de Fahrenheit, on n'aura qu'à multiplier le degré centésimal par 180 et ajouter 32 au produit.

Pour convertir les degrés de Fahrenheit en ceux de Réaumur, il faut retrancher 32, multiplier le reste par 4, et le diviser par 9.

Pour faire l'opposé, on multiplie le degré de Réaumur par 9, ensuite on le divise par 4 en ajoutant enfin 32.

dont le zéro est pris dans un mélange de neige
et de sel ammoniac, c'est-à-dire à 32° au-dessous
de zéro de deux thermomètres de Celsius et de
Réaumur, et le degré d'eau bouillante à 212°.

Pour éviter au lecteur la peine de ramener les
indications de ces trois thermomètres pour
trouver leurs équivalentes, je crois utile de
réunir dans la table précédente les chiffres dont
on peut avoir besoin. Pour l'abréger je n'indiquerai ces chiffres que de cinq en cinq degrés.

Quoique la plus part des petites éducations
réussissent sans l'emploi du thermomètre, et que
les vers élevés au grand air résistent aux intempéries, toutefois lorsqu'il s'agit de grandes
magnaneries, où sont amoncelées considérables
quantités de vers, il importe de ne pas négliger
même momentanément l'état de l'atmosphère,
et plus spécialement son degré de température,
et dans ce cas le thermomètre seul peut nous
guider d'une manière sûre. On arguerait donc à
faux si l'on inférait des conditions présentées
aux vers en état sauvage, et dans la mesure rustique des petits éleveurs de la campagne de l'i-
nutilité des instruments thermométriques dans
les éducations sur une grande échelle. Dans
celles-ci les soins rationnels qu'on applique pour
maintenir la température de manière à éviter
les grands écarts qui s'accomplissent dans une
atmosphère orageuse, ou dans un appartement
mal conditionné, on épargne sans doute une
plus grande quantité de vers, de celle que la
nature sacrifie par les intempéries de l'atmos-
phères, et particulièrement les vers qui n'ont
pas le degré voulu de robusticité pour y résister. Quoique l'insecte de la soie ne se montre
pas bien sensible au froid et à la chaleur, cependant on se fourvoierait en croyant que sa culture industrielle à l'état domestique dût être
calquée d'après sa manière de vivre, et de se
comporter dans l'état sauvage. On obtiendrait

peut-être des vers plus robustes, mais là quantité à laquelle aspire l'industrie, ne suffirait certes
pas aux frais qu'entraine la domesticité.

Si la nature ne se soucie que de la conservation des races, et partant de la robusticité des
individus, l'industriel ne peut renoncer à la
quantité, même en sacrifiant tant soit peu à la
vigueur constitutionnelle des générations. Et
même il n'est pas rares de constater une durée
indéterminée d'une même race, cultivée de père
en fils dans une même magnanerie et toujours
avec succès.

Au surplus l'expérience séricole nous apprend
la convenance de maintenir la température toujours à peu près au même degré ou tout au
moins de faire en sorte que les variations atmosphériques ne surprennent pas soudainement
et ne soient pas par trop intenses. Pour obvier
à ces inconvénients et plus particulièrement pour
contrôler la vigilance de l'éleveur on a adopté
un instrument physique destiné à marquer le
point culminant de froid et de chaud auquel
parvient le liquide thermométrique contenu
dans le tube indicateur. Cet instrument est le
Thermométrographe, autrement dénommé *Thermomètre* à *Index*, ou à *maxima* et *minima*, dont
toutes les magnaneries doivent être pourvues.

Dans les magneries bien outillées et bien
dirigees un thermomètre seul ne suffit pas. Il
en faut plusieurs placés dans différents endroits
du local, et plus particulièrement dans chaque
chambrée, pour s'assurer que la température
soit égale partout. Il sera même convenable, si
la magnanerie est isolée, de placer à chaque
façade et en dehors d'une croisée un thermomètre pour se régler dans la circonstance de
devoir changer l'air ou d'en corriger la température. La pose d'un thermométrographe en
dehors de la magnanerie du côté du nord sera
très-utile pour se renseigner sur la tendance que

peut affecter la démarche de la saison aux jours suivants.

Le *Baromètre*. — Personne n'ignore, que c'est à l'aide de cet instrument qu'on mesure les différents degrés de pression de la colonne atmosphérique qui pèse sur un point quelconque de la surface terrestre. De là sa dénomination grecque qu'en français veut signifier *Mesurateur de la pesanteur*. Cette pesanteur de l'atmosphère n'est pas toujours la même ni pour tous les lieux, ni en tout temps. Elle varie même assez souvent, et chaque endroit selon l'altitude présente dans l'échelle barométrique le degré correspondant à cette même altitude. Mais le poids de l'atmosphère varie partout selon la constitution accidentelle de l'air, et selon sa température, quoique guère sensiblement.

Les vapeurs aqueuses rendent l'air plus léger, l'air sec par lui même et plus lourd. C'est à ce point de vue que le baromètre fonctionne à l'instar d'un hygroscope, instrument qui décèle la présence d'humidité dans l'air. Pour l'usage auquel cet instrument peut servir en sériculture l'éleveur pourra se renseigner sur la légende établie en haut de la colonne du mercure, ayant soin cependant de ne pas lui accorder une confiance illimitée.

Il faut dire toutefois, que cet instrument tout en n'étant pas infaillible, ses indications ont un degré de probabilité que l'on peut mettre à profit avec la certitude de ne pas avoir à se repentir même lorsque on s'y conformerait en tous points. Voici ce que l'observation nous enseigne à cet égard.

En été, le baromètre marque le changement atmosphérique trois ou quatre jours d'avance ; quelques fois 10 ou 13 heures. Ses variations sont presqu'infaillibles lorsque le mercure monte ou descend trois ou quatre lignes en peu de temps. Si le mercure baisse en un moment de fortes chaleurs c'est un indice de tonnerre. Le mauvais temps qui suit la descente du mercure ne dure pas, de même que le beau temps est éphémère s'il a lieu immédiatement après que le mercure est monté. Mais si l'abaissement ou la montée persistent deux ou trois jours de suite, le mauvais ou le beau temps que ces variations annoncent sont durables.

L'*Hygromètre*, au moins dans la théorie étiologique de Boissier, serait l'instrument le plus indispensable dans une magnanerie, si l'on en connaissait de construits de manière à nous indiquer avec promptitude la présence d'un excès de vapeurs aqueuses dans l'atmosphère. Un tel instrument n'existe pas à ma connaissance. Les variations que présentent les hygromètres qui existent sont plus ou moins lentes à se produire, et se produisent toujours trop tard pour avertir l'éleveur à temps d'y porter remède. Rien de plus dangereux, dit Boissier que de laisser les vers au milieu d'un air chargé d'humidité, et conséquemment rien ne serait plus utile de pouvoir constater l'existence de cette humidité, lorsqu'elle commence à se dessiner. Ces vapeurs aqueuses peuvent être aussi bien également répandues dans tout le volume d'air qui remplit la magnanerie si la température est basse ; mais pour peu que cette température atteigne un certain degré de chaleur les vapeurs aqueuses acquièrent la légèreté nécessaire, pour s'élever dans les régions supérieures de la chambrée. Il se peut donc qu'il y ait concentration d'eau dans la couche supérieure, et peu ou point en bas à hauteur d'homme ; comme il est possible que cette couche descende jusqu'au niveau des tablettes sur lesquelles se trouvent les vers. Une fois admise — et il faut l'admettre — la mauvaise influence des vapeurs aqueuses sur l'insecte, l'indication météorique qui s'impose à la promptitude de l'éleveur est

d'empêcher ce contre-temps, et pour l'empêcher il lui faudrait connaître au juste et pour
ainsi dire à chaque instant l'état hygrométrique
de l'atmosphère.

Il est encore a tenir compte de la nature des
vapeurs d'eau mélées à l'air de la chambrée, qui
n'est pas toujours ni la même, ni presque jamais
d'eau pure. C'est ordinairement un mélange
d'eau, d'émanations de la feuille, et de la transpiration de la larve de l'insecte. Outre l'humidité, l'air contient donc des matières excré-
mentitielles végétales et animales infectes, dont
la malfaisance ne peut faire doute pour personne, et plus que la malfaisance la promptitude
dans la manifestation de leurs pernicieux effets.

Ce ne sont pas les substances hygrométriques
qui font défaut à la chimie et à la physique,
mais comme chacune d'elles n'est hygrométrique que par l'absorption de l'eau, et que cette
eau pour s'infiltrer entre les molécules du corps
absorbant met un temps plus ou moins long, la
manifestation de l'indice ne s'accomplit que
plus ou moins lentement. Pour conclure j'enga-
gerai donc les physiciens et les chimistes à nous
donner un instrument quelconque maniable aussi
prompt à indiquer ses variations, comme le
thermomètre indique les siennes, s'ils tiennent
à rendre un vrai service à la sériculture. La
corde à boyaux, les cheveux, les bandelettes de
baleine, artistement disposées pourront servir
à construire de hygromètres de différentes formes, telles que celle du Capucin qui ramène le
froc sur sa tête lorsque le temps est à la pluie,
ou toute autre analogue, mais pour le sériculteur ce capucin ne saurait être d'aucune utilité.
Autant on peut en dire de toutes les substances
qui jouissent de la *météoricité*, et dont les savants peuvent se servir en certaines circonstances, mais qui sont inapplicables en sériculture.

L'*Anemoscope*, qui indique la direction des courants aériens, peut servir à préságer avec quelques probabilités les degrés de température que les vents entraînent avec eux, et les variations météorologiques de toute nature qui en sont les suites ordinaires. Les *Girouettes* remplissent le rôle d'anémoscope.

Certains vents portent la pluie ; d'autres le beau temps. Les uns augmentent, les autres baissent la température. Toutes ces modifications cependant, sont subordonnées à la situation géographique de la localité, quoique on puisse établir, généralement parlant, que les vents chauds, comme surchargés de vapeurs aqueuses, transportent avec eux le matériel de la pluie, tandis que les vents froids et secs ne produisent la pluie que dans la circonstance qu'ils condensent les vapeurs qu'ils rencontrent sur leur route par suite de leur degré thermo-métrique.

G. L.

CHAPITRE II

§ 1er

DE LA FEUILLE DE MURIER
SES ESPÈCES, SES QUALITÉS, SES ACCIDENTS

« On dirait que le mûrier a été créé tout exprès et exclusivement pour le ver à soie, puisque nul autre insecte ne s'en nourrit. J'ai trouvé quelquefois — dit Boissier — de très-petits œufs de chenille collés sur de la feuille de mûrier d'où sortaient des petites chenilles velues, qui mourraient presqu'aussitôt écloses faute d'une nourriture convenable. C'était sans doute

une méprise de leur mère, ce qui prouverait
que malgré la sûreté de l'instinct des animaux
quelquefois celui-ci leur fait défaut, à moins d'admettre, ce qui est encore assez probable, que la
papillonne dont il est question n'ait pas été assaillie des douleurs de l'enfantement au moment qu'elle se trouvait de passer près d'un
mûrier. Boissier cite un fait qu'il a eu l'occasion
d'observer, qui est le suivant :

« Nous avons vu dans nos cantons de nombreux essais d'insectes qui ravagèrent pendant
deux ou trois ans nos campagnes, en dépouillant entièrement de leurs feuilles, différentes
espèces d'arbres, soit fruitiers, soit forestiers, et
qui respectèrent constamment ou plutôt qui dédaignèrent la feuille du mûrier, comme d'un
arbre étranger destiné à des chenilles d'un autre climat.

« A ce que nous avons dit brièvement au
cours de cet ouvrage, concernant la feuille, il
nous convient ajouter ce qui suit :

---

§ 2

DES DIFFÉRENTES ESPÈCES DE MURIER
ET DE FEUILLE

« On ne cultive communément en Europe
que deux espèces proprement dites, de mûrier :
le *blanc* et le *noir*. La feuille du premier est
lisse, et celle du noir est rude au toucher. On
connaît bien d'autres prétendues espèces, qui
ne sont à vrai dire, que de simples variétés de
mûriers blancs, sur lesquelles la culture, le
terroir et le climat ont produit des différences
que la greffe perpétue, mais qui rentrent dans

la même espèce, lorsqu'on les multiplie de graine.

Le *mûrier noir* qu'on croit être indigène en Europe, et qui produit une grosse mûre noire, ou d'un cramoisi très-foncé appelé *mûres de dames* ou de *présent*, était autrefois plus commun en France et en Italie qu'il ne l'est aujourd'hui, et l'on en faisait plus de cas.

« Corsuccio qui vivait à Rimini en 1580, assure que les vers qu'on nourrit de cette feuille sont plus vigoureux et donnent de plus belle soie que ceux qu'on nourrit avec la feuille de mûrier blanc. Lafemas, qui écrivait en France quelques années plus tard dit que la feuille de mûrier noir se vendait trois fois plus que la feuille de mûrier blanc. On convient assez d'ailleurs que cette feuille produit une soie plus forte, plus dense, plus pesante, ce qu'avaient éprouvés entre autre Corsuccio, Malpighi et Olivier de Serres. Bien d'autres sériculteurs et fabricants de soierie d'autrefois ont professé la même opinion.

« On peut ajouter, que le mûrier noir a un grand avantage sur le blanc greffé en ce qu'il dure beaucoup plus. Un vieillard respectable, propriétaire de terre à mûrier, qui mourut il y a environ 70 ans, âgé de 84 ans, disait quelques années avant de mourir que ses arbres lui avaient toujours paru aussi vieux qu'ils l'étaient alors, et que son père qui avait poussé aussi loin que lui, sa carrière, lui avait dit ne les avoir jamais vu planter.

« En revanche le mûrier noir est plus long à venir que le blanc ; on le multiplie plus difficilement de greffe et de graine. Il donne moins de feuille et on la cueille avec plus de peine à cause de ses courts jets noueux et raboteux. Enfin elle pousse dix à douze jours plus tard que celle du mûrier blanc.

« C'est pour ces raisons sans doute, qu'on a

depuis longtemps préféré le mûrier blanc au noir, quoique le mûrier blanc greffé, et surtout effeuillé chaque année soit d'une courte durée, et sujet à une maladie qui en fait beaucoup périr de bonne heure dans nos cantons. Sa feuille cependant étant plus tendre, plus abondante, plus hâtive, et l'arbre croissant plus vite au moyen de la greffe, on ne cultive plus que cette espèce. Parmi les variétés de mûrier blanc on distingue celles qui portent les noms de *Colomba*, de *Rose*, de *Romaine*, et d'*Espagnole*.

« La feuille *Colomba*, autrement appelée *Blanquette*, est plus mince, plus lisse que la Romaine et l'Espagnole. Ces feuilles sont plus ou moins larges, selon que l'arbre est plus ou moins vieux. Très-soyeuses au moment de la maturité, cette qualite la rend peu différente à cet égard de la variété suivante.

« L'arbre qui donne la feuille *Rose* est pluslent à croître, pousse des scions plus courts, se garnit de moins de feuilles que la Colomba, et ne lui est inférieure qu'à cet égard. La feuille Rose, qui est aussi mince, aussi délicate, aussi luisante, a d'ailleurs plus de consistance et de raideur c'est comme un papier bien gommé à l'égard d'un autre qui l'est moins, ce qui fait que cette feuille est moins exposée à se flétrir et à se chiffonner que la précédente, elle conserve par cela même plus longtemps sa fraîcheur dans un transport ou par un long séjour dans un magasin à feuille. Elle résiste de plus à la fermentation lorsqu'elle est fortement entassée.

« La feuille *Romaine* est la plus large de toutes, et la plus succulente, mais elle n'est telle que dans la jeunesse de l'arbre, planté dans un fond gras et cultivé. L'arbre en vieillissant, sa feuille rentre dans une des variétés précédentes, et d'autant plus vite si le terrain est aride. Sa consistance et sa couleur sont pareilles d'ailleurs à celle du petit Colomba.

La feuille *Espagnole* est plus forte et d'un vert plus foncé que les trois précédentes : elle est moins large, plus dure que la *Romaine*, plus tendre et plus large que celle du mûrier noir, à laquelle elle ressemble le plus.

« De tout ce que nous venons de dire concernant les deux espèces typiques de feuille de mûrier, on peut conclure que, quand on n'a que la feuille de mûrier noir, on peut en toute sûreté s'en tenir là, et en nourrir les vers ; mais s'il s'agit de faire des plantations de mûriers il faut préférer les blancs aux noirs pour toutes les raisons déjà rapportées, et pour bien d'autres encore, qu'on pourrait ajouter.

« Dans le cas pourtant où on en aurait à sa disposition des deux espèces, conviendra-t-il de donner indifféremment de l'une ou de l'autre aux vers ? Les anciens s'y opposent formellement, par la raison que le changement de feuille cause aux vers à so'e des maladies et la mort.

Les magnaniers imbus de cette tradition se tiennent très en garde et ne donnent de feuille de mûrier noir aux vers habitués à celle du mûrier blanc que à leur corps défendant, n'en ayant pas d'autre. Et ne la donnent qu'à la grande frèze, et jamais deux repas de suite. Boissier voulant s'assurer sur ce qu'il y avait de vrai dans cette croyance, donna deux fois de suite de la noire à des vers qui n'avaient mangé que de la blanche jusqu'au 5ᵉ âge, et ne s'apperçut pas qu'ils s'en trouvassent incommodés. Malgré ce résultat heureux, il craint cependant, que l'on puisse obtenir toujours ce résultat dans toutes les circonstances, qu'il s'agisse, c'est-à-dire, de vers sains ou indisposés, jeunes ou vieux, sans y apporter les précautions nécessaires. Tout porte à croire que si l'on a à faire à des vers sains et vigoureux, ce changement de nourriture ne doit entraîner à aucune désagréable conséquence. J'ai connu des magnaniers qui pour avoir négligé ces précautions avaient es-suyé des mortalités, à la vérité, pas bien consi-dérables, mais qui étaient probablement en rai-son de la quantité de vers par trop impression-nables aux écarts de diète. En substituant le mot mortalité par celui d'indisposition, le même fait se produira sur bien des animaux et même sur l'homme si, après avoir été habitué à se nourrir d'aliments très-disgestibles, on les sou-met à une nourriture moins facile à digé-rer.

« La feuille de mûrier noir, qui serait non-seu-lement tolérée aux premiers âges des ver, de-vient malfaisante aux derniers âges et d'autant plus si les vers sont d'une venue très-délicate et d'un estomac très-susceptible.

« Ainsi ce changement de feuille pourra servir comme moyen de sélection pour se débarrasser des vers malingres, avec toute l'économie de la feuille que ces vers auraient mangé, peut-être inutilement, les quelques jours qu'ils au-raient encore vécu. Mais comme il est très-dif-ficile de connaître au juste les vers dispeptiques, en voulant employer ce moyen, prudence veut qu'on n'y ait recours que lorsqu'on aurait une quantité de vers hors proportion avec la quan-tité de feuille dont on peut disposer.

Ces changements de nourriture sont d'autant plus à craindre que la feuille noire est trop grasse et trop succulente à moins de lui avoir fait perdre par la transpiration une partie de ses sucs, ce que l'on pratique de la manière suivante :

« On expose cette feuille dans un drap pen-dant une demi-heure à un soleil ardent. Lors-qu'elle est toute chaude on serre le drap, dont on lie les quatre coins, et on la laisse en cet état pendant encore une demi-heure. Cette feuille, ayant ainsi transpiré, on l'étend dans le magasin pour ne la servir que le lendemain. Ce procédé sert aussi pour la feuille romaine, celle qui vient dans un terroir trop gras ou dans le voisinage des étangs ou des marais qui est la pire de toutes, sans en excepter même celle qui est tout auprès du lierre, qu'on a, *très-mal à propos, décriée.*

---

§ 3

DE LA FEUILLE ÉCHAUFFÉE

« En voulant appliquer le procédé que je viens de suggérer, à la feuille par trop succulente, il faudra s'y prendre de manière à ne pas réchauffer par trop la feuille pour éviter le commencement de fermentation, qui la rendrait malfaisante. Mieux vaut, pour obtenir l'effet qu'on désire, de la garder un peu plus de temps dans le magasin à feuille. On obtiendra le même résultat sans courir aucun danger.

« La feuille risque de se chauffer pendant les longs voyages, et même, si elle est trop entassée, passe bien vite à la fermentation putride. On corrige en partie la mauvaise qualité d'une feuille trop échauffée, par un long transport, en l'exposant quelque temps bien éparpillée dans le magasin, en la remuant souvent au grand air, avant que de la servir. Il faut dire cependant qu'on peut la donner impunément en cet état. Voici la justification de cette assertion :

« Je jetai à des vers qui avaient grand appétit un repas de feuille que j'avais fait échauffer pendant plus d'une heure dans un tas de vieille litière à demi pourrie, et dont la chaleur faisait monter le thermomètre à 36° Réaumur au-dessus de zéro. Je la servi toute chaude. Tout en présumant qu'il en arriverais mal. J'eus l'agréable surprise de constater qu'aucun des vers qui en avaient mangé ne parût s'en ressentir, et je ne pus voir, sans un peu de dépit, qu'ils continuassent dans la suite à bien se porter et qu'ils vérifiassent contre mon intention, la maxime « *amnia sana sanis.* »

« Malgré ce résultat, on aurait tort cependant de s'écarter sans nécessité des règles d'une bonne diéte et de trop compter sur de pareilles exceptions, que certaines circonstances favorisent, et auxquelles on est autorisé, et même forcé par le besoin. A l'appui de cette recommandation il faut ajouter que tout retentit dans nos ateliers d'exemples contraires.

« Les feuilles *Colomba et Rose* sont les plus saines, et les plus délicates, et plus avidement agréez par les vers. On préfère cependant celles de ces variétés qui viennent sur les coteaux ou dans les plaines sèches et arides, dans les terroirs de grès ou graveleux. Ce sont les variétés qu'il faut servir aux vers, qui ont peu d'appétit, immédiatement avant la montée. Les plus sèches sont aussi les plus soyeuses. En les mâchant et en les réduisant en pâte dans la bouche on sent que la salive devient gluante et gommeuse, ce qui n'arrive pas ou fort peu, s'il s'agit de feuilles vigoureuses, ou trop pleines de suc.

---

§ 4

DE LA FEUILLE MOUILLÉE DE PLUIE

Boissier a eu assez souvent l'occasion de constater qu'un seul ou deux repas de feuille mouillée d'eau de pluie ont suffi pour indisposer les

vers qui s'en étaient nourris et quelquefois même
pour les rendre malades, jusqu'à en détruire des
chambrées entières. Il ajoute tout de suite toutefois, que cet effet n'est pas constant, ayant
aussi observé que des vers à soie avaient impunément faits de pareils repas. Cette contradiction — conclut l'auteur — peut venir d'un tempérament plus ou moins robuste mais il est certain qu'elle peut résulter aussi de la différente
qualité des eaux.

Pour se rendre compte du degré d'exactitude
de cette assertion, Boissier a eu recours à l'expérience suivante :

« J'ai fait deux ou trois fois l'épreuve de servir à mes vers de la feuille légèrement aspersée
avec différentes eaux de pluie, et j'ai pu clairement constater que certaines de ces eaux ne
leur faisaient point de mal tandis que d'autres
les tuaient. Il venait à ces derniers, immédiatement après leur repas, une goutte de liqueur
brune à la bouche, signe d'un poison qu'ils auraient avalé.

« J'eus une année de deux eaux de pluie
tombée en différents temps ; j'en aspersai deux
paquets de feuille épurée; un troisième le fut
avec de l'eau de puits. Les vers qui mangèrent
de ce dernier paquet et de l'un des deux autres,
rendirent pour la plupart la goutte et périrent.
Ceux qui avaient mangé du paquet restant n'eurent point de mal. Les uns et les autres étaient
du même âge, élevés ensemble et jouissaient,
selon les apparences, d'une égale santé.

« Il n'y a pas de doute que les eaux de pluie
ne diffèrent les unes des autres selon la différente nature des lieux d'où s'élèvent les vapeurs
qui en font la matière. C'est de là que l'eau de
pluie tire ses bonnes et ses mauvaises qualités.
On pourrait les diviser à cet égard en deux espèces : en *pluies de terre* et en *pluies de mer*.

(Ne croyant pas utile d'entrer dans tous les

détails concernant la formation et la composition des substances étrangères contenues dans
l'eau de pluie, je me bornerais à n'emprunter à Boissier que les dernières conséquences
pratiques qui peuvent intéresser l'apprenti
éleveur.)

« 1° L'eau la plus pure en apparence, telle
qu'on croit communément l'être, l'eau de pluie
peut contenir des éléments qui lui sont étrangers, et parmi ces éléments il peut y en avoir
d'excessivement préjudiciables à la santé de
l'insecte. Mais puisque la feuille mouillée d'eau,
même la plus pure, est, d'après Boissier, nuisible par elle-même, en tant qu'elle surcharge
d'un liquide inutile l'estomac d'un animal, or-
ganisé de manière à ne pouvoir bien digérer
que la feuille contenant la moindre quantité
d'eau indispensable à sa constitution, l'éleveur
n'a besoin d'aucune notion chimique relative
aux différentes espèces d'eaux qui auraient
mouillées la feuille de ses mûriers. D'ailleurs,
comment s'y prendrait-il pour remédier à une
mouillure malsaine?

« L'éleveur n'a d'autre ressource que d'éviter,
tant que cela lui est faisable, la cueillette de la
feuille immédiatement après la pluie, et dans le
cas où, par suite d'une pluie incessante, il se
trouverait sans feuille, il lui conviendra de faire
de son mieux pour l'essorer, en l'éparpillant sur
un parquet bien sec, et à une température mo-
dérément élevée. Les vers peuvent jeuner impunément jeunes, pour attendre le dessèche-
ment de la feuille, pourvu, cependant, que cette
opération ne dure pas au-delà de deux jours.

« Ne pouvant pas prévoir au juste, quelques
jours d'avance la pluie, ni celle d'orages, ni la
maritime, l'éleveur s'épargnera bien des mauvais moments, en ne donnant à ses vers que de
la feuille cueillie le jour précédent et maintenue étendue sur un plancher, dans un local

frais et sec, et avec d'autant plus d'à-propos s'il
n'a à sa disposition d'autre feuille que de celle
de mûriers greffés. On n'ignore pas que ce
genre de feuille contient beaucoup plus d'eau
que la feuille sauvage, et que celle-ci, au point
de vue sanitaire de l'insecte, est préférable

« Si l'éleveur est assez expert pour prédire avec
quelques probabilités le temps qu'il fera le lendemain et le surlendemain, et pour présumer,
dans le cas qu'il doive pleuvoir, s'il pleuvra de
l'eau de terre ou de la maritime, il pourra
avoir un grand avantage sur ses confrères. Il
sera à même de prendre mieux ses mesures et
éviter ainsi des conjonctures fort désagréables.

Boissier termine ce paragraphe concernant la
feuille mouillée d'eau de pluie en disant que :

« Si les vers sont dans un état malingre il n'y
a pas de doute, qu'au lieu de leur servir de la
feuille mouillée , il ne convienne mieux de les
faire jeuner. C'est le parti le plus sûr : ils ne ré-
sisteraient pas à l'épreuve de la feuille mouillée
et mouillée même de la pluie la plus pure. J'ai
fait jeuner des vers à soie pendant deux jours
au sortir de la quatrième mue, et ils ne s'en
portèrent pas plus mal. Mais lorsqu'on en est
réduit à cette extrémité, on éteint les feux, s'il
y en a dans la magnanerie ; on se contente de
fermer les portes et les fenêtres, en laissant les
vers à la température naturelle, toujours fraîche dans les temps pluvieux.

« Si, au contraire, les vers sont robustes, et
dans le grand appétit de la frèze du dernier âge,
il n'y a pas de risque de leur servir de la feuille
mouillée par la pluie de vent marin ; en retar-
dant cependant le repas de quelques heures de
plus qu'à l'ordinaire, pour leur donner le temps
de se vider et pour aiguiser davantage leur appétit.

« Il y a des exemples sans nombre d'inno-
cuité de la feuille mouillée donnée dans ces cir-

constances : la force de tempérament des vers, aidée par la chaleur des feux de flamme, qu'on fait aux quatre coins de l'atelier suffisent pour faire transpirer l'humeur surabondante qu'ils auraient avalée. Dès que le repas est achevé, on doit enlever la litière, soit pour diminuer l'humidité, soit pour empêcher que la litière ne vienne pas à se corrompre.

« Ce n'est, du reste, qu'à la frèze qu'on doit se permettre le repas de feuille mouillée, donnée dans les circonstances les plus favorables. Il ne serait pas prudent de s'y hasarder immédiatement avant ou après la mue. Si cependant au lieu de faire jeuner les vers pendant ces deux temps on se détermine à leur jeter de cette feuille, il en faudrait si peu qu'il serait aisé d'en avoir de sèche. Il n'y aurait qu'à l'éventer en la jetant en l'air avec une fourche, ou bien en charger un drap tenu par les quatre bouts, et qu'on ferait sauter en l'air comme si on y donnerait la berne : il en tomberait peu à peu sur le parquet, que je suppose bien balayé, et lorsqu'on serait las de cet exercice, et que la feuille serait toute répandue à terre elle serait suffisamment sèche.

———

§ 5

DE LA FEUILLE MOUILLÉE DE ROSÉE

« Ce que nous venons de voir concernant les qualités de la feuille mouillée d'eau de pluie, convient à certains égard à celle qui l'est de rosée.

« La rosée se compose de vapeurs condensées exhalées de terre, et de la transpiration vaporeuse des herbes, qui par l'abaissement de la température nocturne se condense sous forme de goutelettes à la surface inférieure et supérieure de la feuille des arbres. La rosée après s'être élevée dans l'atmosphère, venant à se condenser arrivée à une certaine distance de la surface terrestre tombe sous forme de pluie sur l'endroit même de son origine, à moins que le vent ne le chasse au loin.

«La rosée de certains pays passe pour n'être pas malfaisante parce que elle n'est probablement que de l'eau pure. Elle est cependant plus ou moins dangereuse dans d'autres pays, selon le climat, le terroir, et le degré de chaleur qui l'élève. Telle est celle qui produit le goître aux brebis qu'on mène paître trop matin et celle qui cause des ophtalmies sur des yeux délicats des personnes qui s'exposent au serein, qui est la rosée du soir.

« Dans le doute, si la rosée du pays qu'on habite est innocente ou nuisible, il est facile d'éviter tous les risques, que les vers pourraient courir à cet égard, qu'en ne cueillant la feuille que lorsque le soleil ou le vent en auront dissipé toute l'humidité.

« L'effet de la rosée, si elle n'est pas exclusivement constituée des éléments essentiels de l'eau pure, outre le mal que cette rosée peut occasionner aux vers, elle peut laisser sur la feuille des traces de sa malfaisante influence, sous la forme de *taches*, qui dégradent et dessèchent les endroits qui en ont été touchés. On ne peut attribuer ces tâches au soleil qui darderait sur ces gouttes comme à travers des lentilles de verre pour brûler l'endroit de la feuille, que ces gouttes toucheraient ; car outre que leur foyer ne saurait être sur la feuille que la lentille touche, les feuilles d'ordinaire les plus tachées se trouvent au bas et dans l'intérieur de la tête du mûrier, où les rayons du soleil n'ont pu pénétrer. Il reste probablement quelques légéres molécules salines sur les endroits de la feuille qui n'ont pas été tachés, et dont l'humidité a été promptement dissipée. C'est pour cela peut-être que les vers qui ont mangé de la feuille tachée ne sont pas communément aussi sains que les autres, quoiqu'ils ne rongent pas d'ailleurs à l'endroit même de la feuille qu'ils évitent.

« Les *brouillards* produisent de même quelques fois sur la feuille de mûrier des tâches sèches et brunes. Cela s'observe plus fréquemment dans les fonds et au voisinage des étangs.

« Certains mûriers y sont aussi plus sujets que d'autres : telles est la feuille de mûriers blancs à mûres noires. Celle au contraire à mûres grises, ou légérement purpurine ou vineuse se tâche moins, peut-être parce qu'elle est moins délicate que les autres. Un mûrier portant deux greffes, l'une à mûres noires l'autre à mûres grises, a servi à Boissier pour contrôle de son opinion c'est-à-dire, qu'il a pu constater que la feuille de la greffe à mûres grises n'avait absolument aucune tâches tandis que la feuille de la greffe à mûres noires se distinguait par l'abondance des tâches, ce qui ne peut être attribué qu'au degré de délicatesse qui n'est pas la même pour les deux variétés de feuilles expérimentées.

« Enfin les mûriers plantés dans l'intérieur des villes, et à quelque distances aux environs, ne sont pas sujets à être tachés, ou ne le sont que fort rarement, et ce privilége s'étend plus ou moins loin selon l'étendue des villes ou des villages, et selon qu'ils sont plus ou moins habités. Il est certain, que l'atmosphère de ces endroits est plus chaude de quelques degrés que l'air de rase campagne. Ne dirait-on pas que ce surplus de quelques degrés de chaleur en raréfiant davantage la vapeur de la rosée la dissipent au loin, ou dessèchent de dessus la feuille, avant qu'ils y puissent faire quelque impression par un plus long séjour ?

« Nous ajouterons au sujet de ces tâches qu'elles sont regardées avec raison comme une dégradation, qui déprise la feuille. Ainsi les acheteurs d'avant la pousse, ou à *feuille morte*, à qui cet accident arrive ensuite sur leur mûriers, sont en droit de demander une indemnité au propriétaire vendeur, tout comme pour la feuille brouie par la gelée, à moins de clause contraire dans le contrat.

----

§ 6

DE LA FEUILLE ATTEINTE PAR LA MIÉLÉE

« La *Miélée*, ou *Mielat*, ou *Manne* commequ'on veuille l'appeler ne tombe pas du ciel, ainsi qu'on l'a cru pendant des siècles. Elle est une matière sucrée et visqueuse, dont se recouvre au printemps, sous la forme de petits globules, la surface inférieure des feuilles de certains arbres et arbustes. C'est une manne détrempée de saveur douce plus commune dans certains climats et, plus abondante sur certains végétaux (37).

(37) Boissier sans se prononcer explicitement sur la provenance et la nature de la miellée, dit que cette production anormale est le résultat d'une transpiration sensible d'un sel végétal sous une forme humide. Cette opinion, ainsi que celle d'autres auteurs qui ont placé la miellée dans le catalogue des maladies du mûrier n'est plus acceptable aujourd'hui qu'on lui en a substitué une autre que des savants prétendent mieux valoir. La miellée ne serait ni une maladie, ni pas même un effet d'une maladie. Elle est une sécrétion due à la présence du *puceron vert*. Voici comment cet insecte, infecterait la feuille des arbres qu'il préfère et entre autres le mûrier. Lorsque l'insecte qui se tient à la surface inférieur des feuilles, s'est multiplié à l'excès, le suc visqueux et sucré qu'il sécrète se rassemble en goutelette, et tombe sur la surface supérieure

des feuilles situées au dessous ; la rosée, le brouillard, la pluie délayent ces gouttelettes, et les étendent sur la surface de la feuille, qui s'en trouve comme imprégnée. La miellée ne serait donc qu'une belle et bonne immondice excrémentitielle, dans la composition de laquelle entre la matière sucrée, dont probablement se nourrit l'insecte aux dépens de la feuille de mûrier, que l'on sait, en contenir.

G. L.

« Les vers à soie, qui ont mangé de cette feuille sont plus ou moins malades, selon la quantité, ou peut être la qualité de la miellée, dont la feuille est enduite. Cette matière ne perd pas ses qualités nuisibles en desséchant. Le seul remède serait de cueillir la feuille lorsque la miellée est encore fraiche, et de la laver dans de grandes mannes d'osiers à clair-voie, et placées dans l'eau courante d'une rivière ; de laisser égouter après par tas, si on ne peut pas la faire ressuyer autrement ayant soin cependant de ne pas la donner aux vers qu'avec toutes les précautions indiquées dans le § 4 à propos de la feuille mouillée d'eau de pluie.

« Comme conclusion finale de tout ce qui se rapporte à la feuille bonne ou mauvaise, plus ou moins profitable à la santé de l'insecte, ou plus ou moins nuisible, disons donc :

« 1° La meilleure feuille, à laquelle on devra donner la préférence est celle du mûrier blanc, quoique au point de vue de la qualité de la soie la feuille du mûrier à fruit noir soit plus estimée.

« 2° Ne donner que dans un extrême besoin de la feuille échauffée, ni de celle qui est mouillée d'eau de pluie, jamais de celle qui l'est de rosée, ou de miellée, à moins que ces mouillures n'aient disparu.

§ 7

DE LA CUEILLETTE DE LA FEUILLE .

« La récolte des feuilles, exige quelques précautions nécessaires pour le bon entretien des
arbres, et aussi pour tirer de la quantité de
feuille, dont on dispose, le meilleur parti possible. On doit dépouiller les arbres complètement car s'il restait des feuilles aux extrémités
de quelques branches, celles-ci attireraient trop
fortement la sève au détriment de la végétation
du reste de la branche. Les arbres les plus jeunes doivent être dépouillés les premiers pour
leur laisser le temps de refaire leur second
feuillage et d'aouter le jeune bois de leur seconde
pousse. Il est d'ailleurs de l'intérêt des magnaniers de réserver pour la fin de l'éducation la
feuille des vieux arbres qui contient plus de
principe résineux, et donnent une meilleure
soie.

« La cueillette ne doit commencer que le matin, quand le soleil a dissipé la rosée, et doit
cesser avant le coucher du soleil. On doit cueillir les feuilles en les tirant de bas en haut : en
les tirant en sens contraire, elle se détacheraient
plus aisément ; mais on détruirait une partie
des bourgeons placés dans leurs aissělles, et le
jeune bois recevrait des écorchures qui compro-
mettraient l'avenir des arbres.

« On emploie pour la cueillette des sacs dont
l'orifice est cousu à un cerceau de bois muni
d'un crochet ; ces sacs à mesure qu'ils sont
plein, sont vidés dans des charrettes pour les
transporter des champs à la magnanerie. Pendant ce transport on couvre la masse de feuilles
de mûrier, avec des branches de chêne, d'orme,

ou de chataignier, afin de les préserver de l'action desséchante des rayons solaires.

« Malgré la vigilance du maître sur les cueilleurs, il est presque indispensable de faire passer la serpette d'un émondeur sur l'arbre effeuillé pour mettre ordre aux branches tordues ou rompues, et remettre en place celles qu'on a dérangées en les violentant. En remédiant à ces différents désordres on empêche le mûrier de s'abougrir, ou de prendre une mauvaise forme par les plis forcés qu'on aurait fait prendre aux branches.

CHAPITRE III

DESCRIPTION ANATOMIQUE
DU VER A SOIE

---

§ 1er

CONSTRUCTION DU VER A SOIE D'APRÈS BOISSIER

« La peau des vers à soie, organe essentiel d'où dépend toute l'économie de la vie de cet insecte, peut-être considérée comme un sac doublé en dedans; formé d'une substance mollasse, spongieuse et pluchée, qui couvre deux principaux viscères, l'intestin et le double vaisseau de la gomme de la soie. L'espace qui n'est pas occupé par ces deux vaisseaux est rempli par une lymphe claire et sans couleur dans la jeunesse du ver, et prend insensiblement une nuance jaune, qui se renforce jusqu'au dernier âge inclusivement. Cette lymphe qui n'a point de vaisseau propre, paraît être la même que celle qu'on tire par quelques piqûres faite à la peau de l'insecte; mais elle diffère d'un autre fluide qui lui tient peut-être lieu de sang, et qui paraît circuler dans un vaisseau, qu'on aperçoit au dernier âge a travers la peau, et qui s'étend au long du dos de la tête à la queue.

« Ce vaisseau que j'appelle *Artère dorsale* a plusieurs étranglements égaux que Malpighi croit être des suites de cœurs. On y constate à chacun un mouvement successif de sistole, et diastole, qui chasse dans la direction de la tête à la queue, et d'un étranglement à un autre, le fluide, que nous supposons tenir lieu de sang. Ce liquide poussé rapidement par secousses successives qui ne laissent entre elles aucun intervalle passe d'un mouvement égal à l'étranglement marqué à chaque anneau de la peau, et à chaque onde il élargit la capacité comprise d'un à l'autre étranglement qui suit.

« La lymphe semble être de même nature que celle de l'humeur contenue dans le boyau intestinal ; la couleur jaune qui leur est commune le laisse croire ; et la particularité qui est propre aux deux, de noircir au contact de l'air, justifie en une mesure quelconque cette croyance.

« L'intestin et l'appareil séricigène sont toujours pleins et participent, à l'aide de la lymphe dans laquelle ils nagent, à la pression que la peau en se contractant exerce sur ces deux organes. La peau contractée forme le caractère de la santé de l'insecte.

« L'appareil séricigène est un double canalicule composé d'une membrane aussi fine qu'une toile d'araignée et contient une substance singulière, qui est la matière de la soie.

« Les deux branches de ce vaisseau ont au moins 65 centimètres de longueur à la frèze, et sont repliées l'une à droite l'autre à gauche de l'intestin qui occupe le milieu. C'est au dessous de l'intestin que les boyaux séricigènes prennent leur origine, ou, qu'ils s'abouchent pour absorber ou recevoir la matière soyeuse qui s'y est préparée. Ils aboutissent par leurs extrémités supérieures, plus fines que des cheveux, à la filière placée sous le menton où la bouche du ver.

« Le reste des deux vaisseaux soyeux, beaucoup moins grêle est d'un calibre partout égal, dans la jeunesse des vers, mais dès le 4ᵉ âge, il se forme vers le milieu de la longueur des dits vaisseaux un renflement d'environ 6 centimètres de long, qui acquiert à la frèze une ligne et demi d'épaisseur.

« La matière qui remplit ces vaisseaux est de la couleur de la plus belle gomme vitrée d'Arabie, et présente la consistance d'électuaire ou de sirop épaissi. Dès le cinquième ou sixième jour du dernier âge, cette substance commence à prendre, dans la partie inférieure du renflement, une belle couleur d'orange ou d'ambre jaune transparente dans les vers dont les cocons seront de cette couleur. A la veille de la montée du ver, toute la partie renflée a déjà acquis la couleur qu'aura la soie dont sera tissé le cocon, mais il n'en est pas de même de la substance contenue dans les branches de ce petit appareil, qui se maintient toujours blanche, comme le sera, une fois filée, la soie de rebut qui enveloppe les cocons, quelle que soit leur couleur. Cette première soie constitue la *bourrasse*, ou *blave* ou *blaze*, et elle est secrétée au commencement et à la fin du travail du ver. Le tissu en est lâche, le fil plus fin et la consistance moindre. Elle est exprimée de la partie grêle des vaisseaux. La substance gommeuse, contenue dans la partie la plus renflée de l'appareil, sert pour bâtir le cocon. Cette soie est la plus ferme, la plus belle et partant la principale.

« L'intestin, qui est presque partout estomac, présente la longueur, ou peu s'en faut, du ver lui-même. Il est droit, sans repli de la bouche à l'anus. L'orifice supérieur commence par un tuyau fort étroit de la longueur approximative de deux lignes (4 mill. 1/2) : immédiatement après il s'élargit brusquement, et prend le calibre qu'il conserve jusqu'à son extrémité anale. Il est ridé dans toute sa surface où l'on distingue deux sortes de fibres musculaires, les unes transversales, les autres longitudinales. Les transversales forment au bas du boyau, au moyen de trois étranglements, deux poches bout à bout où se moule un crottin exagone qui se durcit dans la dernière en état de santé. On distingue de pareils renflements tout au long de l'intestin, mais seulement dans les vers dont la membrane intestinale est relachée par maladie, et que l'intestin se trouve en même temps plein de mangeaille.

« L'intestin est rempli d'un bout à l'autre d'une liqueur mucilagineuse de la même couleur de la lymphe, ainsi qu'il est dit plus haut, mais un peu moins fluide cependant. C'est dans ce suc, qu'on pourrait appeler *gastrique*, que nagent les parcelles de la feuille, telles que le ver les a découpées avec ses dents, et où elles se digèrent.

« Quelques instants après que j'eus éventré un ver, je découvris nettement — en le tenant dans un peu d'eau — les ramifications ou les paquets de bronches qui partent des 18 points noirs et latéraux — stigmates, 9 de chaque côté — qui passent pour être les organes de la respiration ; ces ramifications ou ces filets deviennent très-sensibles par la couleur violette qu'ils prennent du simple contact de l'eau. Cette couleur tranchant sur celle de toutes les autres parties de l'animal, me fit apercevoir le cours et toutes les extrémités déliées de ces ramifications, qui vont aboutir sur toute la surface de l'intestin et sur celle du vaisseau séricigène ; ce dont je ne me serais jamais avisé, même avec un bon microscope, sans cette couleur violette.

« Voilà à peu près tcut ce que j'ai pu découvrir à la simple vue et par une grossière anatomie de la structure de notre insecte.

§ 2

ANATOMIÉ DES VERS D'APRÈS LES OBSERVATEURS MODERNES

Boissier qui vivait à la moitié du siècle passé ne pouvait être ni exact, ni complet dans sa description anatomique qu'il nous a légué, de la larve du ver à soie, faute d'avoir à sa disposition des microscopes aussi perfectionnés qu'ils le sont devenus après lui. Le peu cependant dont il s'est aperçu à œil nu, a pu servir au point de départ à tous les travaux microscopiques auxquels les naturalistes se sont adonnés depuis sa mort. En effet, à l'exception de quelques détails qn'on a parachevés en les ampliant des dictées de l'observation, les notions anatomiques renfermées dans le petit chapitre de la anatomie do l'insecte, rédigées par Boissier, suffisent pour faire comprendre nettement au lecteur le mécanisme fonctionnel des organes anatomiques essentiels de l'insecte, Qu'on ajoute un système nerveux ramifié partout et aboutissant à des ganglions, qu'on suppose représenter l'encéphale et le cervelet des autres animaux, et on aura tous les éléments qui concourent à tous les actes vitaux accomplis par les divers modes de structure, ou pour mieux dire par les différents appareils anatomiques et

organes affectés aux multiples fonctions de la
vie végétative de l'insecte.

Pour mettre le lecteur qui en aurait besoin,
au niveau des connaissances anatomiques acquises après la publication de la dernière édition
de l'ouvrage de Boissier, je ne saurais mieux m'y
prendre qu'en récapitulant ce que j'ai dit à ce sujet à la page 484 de mon *Dictionnaire de séricologie*. Le lecteur, ayant sous les yeux ce que Boissier a dit dans le texte, pourra comparer, avec
ce que je vais dire dans cette addition et se former ainsi une idée exacte au sujet de ce qui est
dû à notre auteur, et de la valeur qu'il faut accorder aux additions basées sur les observations microscopiques (38).

(38) A sa sortie de l'œuf, la petite larve du ver à soie se
présente toute couverte de poils châtains foncés presque
noirs. Le fond de la peau est cependant blanchâtre. Le
nouveau-né est de forme presque cylindrique dans toute la
longueur de son corps, longueur qui n'est pas la même
dans toutes les races. La peau est parsemée parfois de petites tâches foncées comme dans la race des *tigrés* qui présente des bandes transversales noirâtres, comme dans les
moricauds.

Fig. 1.

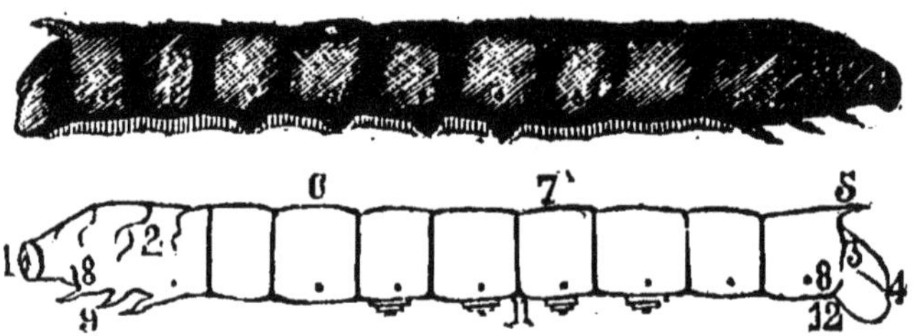

Légende : **1**. Bouche. — **2** Les trois premiers anneaux
qu'on distingue à peine (torax), ensuite neuf anneaux
abdominaux, dont le dernier **3** ; au-dessous et au dernier
des anneaux s'ouvre l'anus **4** ; sur le onzième **3** s'élève
l'éperon **5**. — **6** Taches brunes en forme de croissant. —
7 Autres taches brunes moins sensibles. — **8** Les 18 stigmates, 9 de chaque côté. — **9** Les pattes thoraciques ou
vraies. — **10** Dernières pattes qui ne sortent pas de l'anneau. — **11** Pattes abdominales ou fausses.

Caractères anatomiques externes. Le ver à soie a une tête composée de plusieurs pièces, d'une consistance dure, presque cornée. La bouche se compose de deux mâchoires placées en sens vertical. A côté de ces deux mâchoires existent les *palpes* et les *petites palpes*, et au milieu de celles-ci la *filière* ou *trompe.* A côté des grandes palpes on remarque trois ou quatre petites taches noires, qu'on présume être les rudiments des yeux. Dans le langage ordinaire avec une ingratitude que je crois utile de corriger, on appelle *museau* ce qui est vraiment la tête, en appelant *tête* la région qui correspond au *thorax.*

Fig. 2.

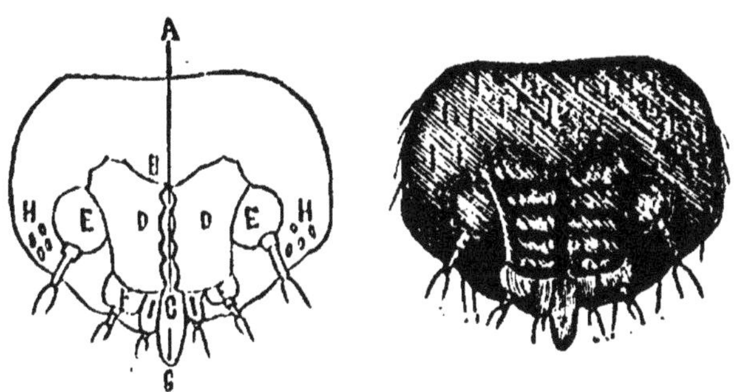

Légende : **BC** La bouche. — **DD** Les deux mâchoires. — **EE** Les deux grandes palpes. — **FF** Les deux petites palpes. — **G** La filière cotoyée par les deux très-petites palpes **II**. — **HH** Les rudiments des yeux.

La tête finit où la région thoracique commence ; celle-ci se compose de trois *anneaux*, pas assez bien isolés l'un de l'autre pour pouvoir les saisir des yeux. Viennent ensuite neuf autres anneaux, les abdominaux, placés entre eux à une distance suffisante pour qu'on les aperçoive : en tout douze anneaux. Le huitième de ces anneaux, en descendant vers la queue se distingue du neuvième ou dernier en tant que celui-ci s'applatit. Au-dessous de ce dernier anneau s'ouvre l'anus, et au-dessus du huitième s'élève l'*appendice caudal* ou *éperon* (v. fig. 1.)

A chaque côté, tout au long du ver, s'ouvrent neuf stigmates.

Au milieu des anneaux, le second cependant, le quatrième et le dernier en manquent.

Le ver à soie a seize pattes : six *thoraciques*, qu'on qualifie de *vraies* car elles se conservent même dans le papillon, et dix abdominales ou *fausses*, parce que dans la transformation elles disparaissent. Les deux fausses dernières ne sortent pas de l'anneau, mais sont celles sur lesquelles plus souvent il s'appuie. Ainsi les pattes de devant servent aux vers de mains pour saisir la feuille et filer le cocon, les fausses, façonnées comme une ventouse, pour sa locomotion, les deux dernières pour s'y reposer dessus.

Toutes ces pattes sont garnies ds crochets ou *onglons*, d'une structure cornée. Chaque vers, à chacune des dix fausses pattes a quarante onglons, en tout quatre cent et c'est à l'aide de ces petits crochets que le ver s'attache à tout ce qui est à sa portée et qu'il déchire la feuille.

Organes des sens. C'est sans doute dans l'intérieur de la bouche qu'a son siége l'organe du goût et probablement dans les deux petites palpes que se trouve l'organe de l'odorat. Qnoique le ver ne paraisse pas insensible au son on ne saurait fixer l'organe de l'ouïe. On croit que les yeux se trouvent à l'état embryonnaire dans ces petites palpes dont il est question plus haut, et qu'on corstate sur les côtés des grandes palpes Pour ce qui est du sens du toucher, il faut croire ou qu'il réside au bout des grands palpes, ou que ce sens est répandu sur toute la surface de la peau comme dans bien d'autres animaux. On ne connaît pas non plus le siége du sens de l'odorat.

Appareil digestif. Le canal gastro-intestinal du ver à soie à la longueur à peu près de la chenille. Il se partage en *œsophage.* en *estomac,* en intestin grêle, en *cæcum* et en *rectum* pour finir à l'anus. Il se compose dans toute sa longueur de trois membranes, l'une *muqueuse* interne, une seconde *musculaire* moyenne, *séreuse* la troisième ou externe. Une dizaine de petits canaux, disposés en zig-zag, aboutissent à deux troncs communs qu'on croit faire partie de l'appareil urinaire.

Appareil musculaire. On sait que dans les anneles la peau et les anneaux tiennent lieu et place de squelette. C'est donc la peau et les anneaux qui servent de point de résistance ou d'attache aux innombrables muscles qui les font mouvoir. Toutes les parties du corps sont douées d'une grande quantité de muscles, ou pour mieux dire de fibres musculaires. Je ne me souviens pas du nom du naturalistes qui a eu la patience d'en compter jusqu'à 4,000! Il a oublié de nous en indiquer l'épaisseur.

Fig. 3.

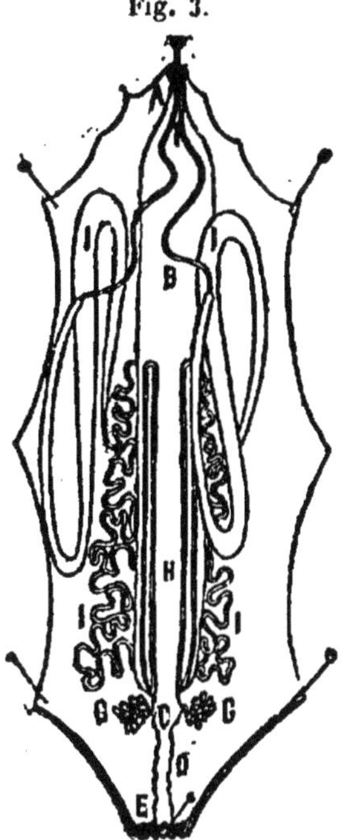

LÉGENDE : **B** Intestin. — **A** Esophage. — **C** Intestin grêle. — **D** Cœcum. — **E** Rectum. — **F** Anus. — **H** Canal séricigène. — **GG** Agglomération de six petits canaux pour n'en former plus que deux qui débouchent dans l'intestin et qu'on croit être les urétères.

Appareil circulatoire. Cet appareil consiste uniquement dans le *canal dorsale* qui se trouve appuyé dans toute sa longueur sur le boyau intestinal. De ce canal part une quantité de ramifications vasales, qui vont se distribuer sur toutes les parties de la chenille. Ce canal est plus large dans le milieu que dans les extrémités. Là où il se restreint, la membrane interne se replie à la façon d'une valvule qui s'ouvre du derrière en avant, et derrière chaque valvule on y constate deux ouvertures transversales, une à droite, l'autre à gauche, qui par le jeu des valvules permettent au sang d'entrer et non de sortir.

Appareil respiratoire. Il y a autant de trachées que de stigmates, c'est-à-dire neuf de chaque côté. Le tuyau trachéale est très-court, aboutissant tout de suite à un canal commun qui court le long de la ligne des trachées mêmes, et conséquemment des stigmates. De ce canal part une multitude de ramifications (les *bronches*), qui se distribuent par tout le corps, ce qui fait que le ver pourrait sous ce point de vue être envisagé comme un grand poumon. Ainsi le sang qui va, dans les animaux vertébrés, s'oxygérer au poumon, dans l'insecte de la soie toutes les parties de l'organisme s'oxygènent d'elles-mêmes. Pour ce qui concerne le mécanisme de l'entrée de l'oxygène et de la sortie du carbone, les observations faites à ce sujet n'autorisent pas à nous envisager comme assez instruits pour instruire les autres. Ce qu'on peut dire d'indubitable, c'est que le ver à soie, que les insectes n'ont point de poumon, point de système nerveux et point de cœur, et malgré cela que les vers à soie ainsi respirent beaucoup de carbone et qu'ils absorbent fortes doses d'oxygène. Ces notions doivent suffire à l'éleveur pour le persuader de la convenance de changer très-souvent l'atmosphère des magnaneries et aussi à ne pas laisser entassée la feuille de mûrier dans les locaux habités par les vers, l'expérience ayant appris que cette feuille est très-puissante à dégénérer l'air.

Appareil nerveux. Ce système se compose de douze ganglions selon les uns, de treize selon les autres. Le premier, qui vraiment ne fait qu'un avec le second, s'appuie sur le côté supérieur à l'œsophage, le second sur le côté inférieur du même conduit. Ce sont ces deux ganglions qui, dirait-on, desservent la vie animale de l'insecte, et correspondraient le premier au cerveau, le second au cervelet des animaux vertébrés. Les dix autres sont placés dessous le canal digestif dans toute la longueur de celui-ci. Ils correspondent aux anneaux de la carcasse abdominale. Réunis tous par un cordon nerveux chacun d'eux donne origine à d'innombrables ramifications se répandant dans tout l'organisme.

Indépendamment de ce système nerveux, il existe d'autres branches et d'autres vibrions qu'on croit représenter le système nerveux propre de la vie végétative ou autrement ganglionnaire. Enfin, on a donné le nom de système nerveux mixte à d'autres ramifications, qui s'anatomisent avec les ganglions abdominaux, et envoient des fibres aux trachées et aux muscles des stigmates; on appelle ces nerfs *nerfs respiratoires.*

Appareil séricigène. Cet appareil, que quelques sériculteurs appellent *réservoir de la soie*, et que les Italiens nomment *serillerio*, se compose de trois parties : 1° la partie postérieure ou glande qui sécrète la soie; 2° la partie du milieu, qui est le réservoir de la substance sécrétée et qui se transforme en soie à mesure qu'elle passe par le tube capillaire, qui la conduit à l'embranchement de la trompe ou filière, où elle se joint au brin latéral pour constituer la bave. Cet organe conséquemment est double, et la longueur du canal, depuis le bas-fond jusqu'à la trompe, est quatre ou cinq fois la longueur du ver, environ 33 centimètres. Celle-ci est la troisième partie de l'appareil

Les parois formant cet appareil sont constituées de trois membranes sur lesquelles s'épanouissent de nombreuses

ramifications trachéales. Le contenu — matière colorante —
jaune dans les jaunes (cocons) blanche dans les blancs
(*grès* ou *gomme de la soie*) est disposé en une couche placée entre la parois du conduit et la soie pure. La soie est
molle, coulante, mais élastique et tenace, pendant son excrétion le fil passant à travers la substance gommeuse s'en
enduit d'une couche plus ou moins épaisse.

Les deux brins de soie cheminent pareillement jusqu'à
leur point de jonction qui est placé antérieurement sous le
menton, et sort par une petite ouverture entourée d'une
légère proéminence, qui rappellent dans des proportions
presque microscopiques la trompe d'un éléphant.

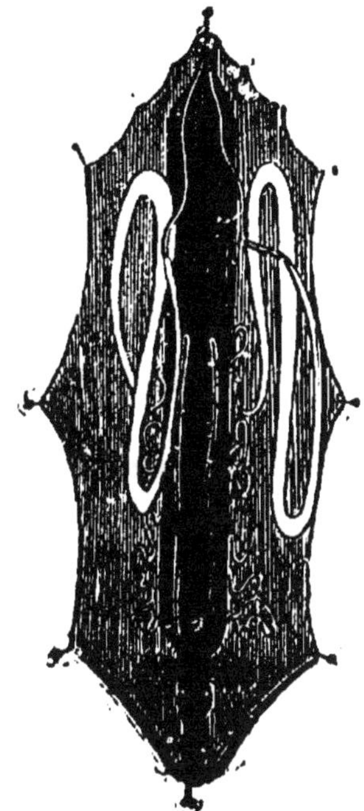

Fig. 4.

Cette figure représente exclusivement toutes les particu-
larités qui se rattachent à l'origine, à la forme, le trajet
parcouru par le canal sétifère et sa terminaison à la bouche.
La fig. 3 donne plus de détail concernant les organes abdominaux au milieu desquels il est placé.

Appareil sexuel. Dans la larve les organes de la génération du ver à soie sont à l'état rudimentaire. Avec le microscope cependant on constate dans les corps reinals la trompe de Faloppe avec ses œufs dans la femelle, et les spermazoïdes dans le mâle.

G. L.

CHAPITRE IV

§ 1ᵉʳ

DES COCONS DOUBLES OU DOUPPIONS

« Il n'y a pas d'apprentis de seconde année, qui ne sache ce qu'on entende par cocons doubles. Malgré cela, Boissier toujours soigneux de ne rien négliger pour instruire les lecteurs qui en auraient besoin, nous dit que les cocons doubles sont ceux dans lesquels en les fendant on constate la présence de deux, et rarement, de trois chrysalides, preuve évidente que le cocon a été tissé par deux ou trois vers, à frais communs, et sous le même couvert. Ces cocons en général ont plus d'épaisseur et plus de volume que les cocons ordinaires et sont plus pesants.

« En voulant se rendre compte de la cause qui invite, qui pousse, ou qui force les vers à la coopérativité, les uns ont crû que ce pourrait bien être l'instinct sexuel, attendu que le plus souvent les deux papillons qui éclosent d'un cocon double, sont l'un mâle et l'autre femelle. Mais comme on devrait mettre sur le compte d'une faute de la part de cet instinct la présence de deux mâles ou de deux femelles dans le même douppion, où les chenilles sont d'un même sexe, on a renoncé à l'idée que l'amour puisse se développer dans des organes encore en état embryonnaire.

« D'autres out pensé pouvoir admettre dans le ver à soie un instinct de sociabilité platonique, au moment où placés à côté l'un de l'autre ils peuvent é'apercevoir d'être en compagnie.

« Sans condamner ces hypothèses, comme absolument inadmissibles, l'éleveur n'a aucun intérêt à résoudre une question qui, pour lui, perd toute importance, du moment que le duppionisme, serait-il fatal, il ne saurait pas s'accomplir que dans des circonstances qu'on peut facilement éviter. En effet, il est évident que si deux vers se tiennent, l'un sur une branche, l'autre sur une autre branche du ramage, ils auront beau s'attirer l'un l'autre si l'instinct du coconnement les pousse, ils ne songeront guère à travailler en compagnie.

« Boissier a remarqué, — et en rend compte dans une note — un fait assez curieux, qui mériterait d'être expérimenté pour en corroborer l'exactitude. Ce fait est le suivant : Dans une chambrée où il y aura beaucoup de cocons blancs, mêlés des orangés ou des incarnadins, on ne voit jamais de cocons doubles mêlés de ces couleurs. Les doubles blancs le sont en dehors et en dedans, et il en est de même des autres couleurs. Ces couleurs, cependant, ou bien les vers qui les produisent en sont que des variétés et non des espèces différentes. Est-ce que le ver fileur cherche à s'associer non-seulement avec une fileuse, mais avec celle dont le fil sera de même couleur et ne fera pas de bigarrure avec le sien? Ce fait ne laisse pas que donner à réfléchir.

« La question du duppionisme, au point de vue non entomologique, mais séricole, se résout donc à chercher un moyen pour tenir séparés, au moment du coconnage, les vers les uns des autres, ce qu'on peut obtenir de différentes manières.

« Boissier a toujours remarqué : 1° qu'il y a moins de doubles lorsqu'il y a peu de vers sur les rameaux et qui sont par là plus répandus ; 2° que quoique leurs rangs soient serrés en montant, il y aura peu de doubles, lorsque les têtes des rameaux seront bien fournies de menues branches tortillées et qui laisseront entre-elles beaucoup de petites espaces pro,,res à loger un ver, et où il puisse établir l'échafaudage d'un cocon.

« *Moyen d'éviter les Duppions*. C'est par une raison analogue aux précédentes, qu'il y a peu de doubles, lorsqu'on rame de bonne heure, et que les vers ne sont pas prompts à mûrir tous à la fois. Ils ne montent que de loin en loin l'un après l'autre à mesure qu'ils mûrissent. Les plus diligents se sont déjà logés à l'aise et ont commencé leur tâche, avant que d'autres aient pu les rejoindre pour travailler ensemble. Deux vers ont beau se convenir, et avoir d'autres raisons pour s'associer dans le filage, il faut aussi qu'ils soient également prêts pour commencer leur travail simultanément.

« Mais ce n'est pas tout que de ramer avant la complète maturité des vers pour avoir le moins de doubles possible, faut-il encore ne pas ramer trop tôt. Si les vers se trouvent être loin de quelques jours de la maturité, il faut les nourrir, et par la construction des cabanes on ne peut leur jeter avec autant d'aisance la feuille dans la quantité voulue. De plus la litière a le temps de s'entasser, et on ne peut la retirer qu'avec peine de dessous les vers cabanés. Enfin, l'air des cabanes est toujours plus étouffé et renfermé, parce qu'il peut moins circuler dans les entrelas des rameaux, et par cette raison il ne faudrait y laisser séjourner les vers que le moins possible.

« Il ne faudrait pas non plus tarder trop à ramer, pour ne pas s'exposer à d'autres inconvénients, et d'une conséquence beaucoup plus grave que ceux de ramer trop tôt. Le ver qui au moment voulu ne trouve pas un logement prêt pour le recevoir coure sur toute la table pour chercher une place propre à filer et pendant ses recherches les ressorts de sa peau si nécessaires pour cette manœuvre s'affaiblissent pour être trop longtemps tendus. La transpiration, que la chaleur fait exhaler de son corps et que rien ne remplace, le fait décroître par la tension continuelle de sa peau en tous sens. Ses anneaux prennent une rigidité qui gêne ses mouvements, il perd la flexibilité de son corps et la facilité des mouvements de sa tête, si nécessaires l'un et l'autre pour se vider de sa gomme. Il lui faut une température plutôt fraîche que chaude, et un échaffaudage commode tel que celui des rameaux. Si l'une et l'autre chose lui manquent, le temps de sa métamorphose arrive, le ver se raccourcit au point voulu pour se convertir en chrysalide sans avoir filé, ou bien il n'aura fait tout au plus qu'une toile plate, large et inutile. Voilà l'origine de la maladie toute artificielle, et dont le magnanier seul est responsable des *courts,* en languedocien *courches,* que les italiens appellent *frati* ou *moines* et dont il a été question précédemment.

« Entre le trop tôt et le trop tard il est difficile de préciser le juste milieu pour se prémunir contre Scylla et Carybe à la fois. Boissier suggère cependant de diviser de bonne heure une grande éducation en deux ou plusieurs classes, et s'arranger de façon qu'elles mûrissent et qu'elles montent à un ou deux jours d'intervalle l'une de l'autre, et d'attendre, pour commencer à ramer la plus hâtive, que les signes de maturité se manifestent dans un grand nombre de vers de la même classe.

« Par la mise en pratique de ces préceptes on se prémunira aussi bien contre les *courts* et contre les *douppions,* des premiers surtout, qui sont quelquefois un fléau pour les chambrées comme le serait une maladie.

----

§ 2

ÉTOUFFAGE DES CHRYSALIDES

« On étouffe la chrysalide (*fève*) des cocons au moyen d'une chaleur dont il faut connaître la durée et l'intensité. Si la chaleur, est sèche et trop forte, le moindre inconvénient est de perdre beaucoup de soie au tissage, elle n'est pas même si lustrée et demande plus de feu pour la tirer. Si, au contraire, la chaleur est trop faible, on a le désagrément de voir éclore, une fois dans la coconnière, des papillons presque tous mâles, comme si les femelles seules n'eussent pas assez de vigueur pour résister à la température à laquelle peuvent résister les mâles, et pour achever le perçage des cocons, puisqu'en ouvrant les cocons on les trouve mortes à la tâche. Ne perçant les cocons qu'à demi, il arrive qu'en les filant, après avoir fait quelques tours dans la bassine, le cocon tombe à fond de l'eau et ne peut plus se dévider.

« On connait deux manières d'étouffer les cocons : l'une au four, l'autre à la vapeur de l'eau chaude, sans compter la chaleur du soleil, qui n'est pas toujours applicable à volonté, et la méthode chinoise, qui consiste à mettre les cocons par couches alternatives de sel et de feuilles de nénuphar dans des jarres qu'on bouche exactement.

« On obtient d'étouffer convenablement les cocons au soleil ; trois heures de température de 40 à 45° Réaumur (50 à 55 centigrades) sont suffisants à faire périr complètement les chrysalides. Ainsi, dans les endroits où ce procédé est usité, comme à Florence, on ne laisse les cocons exposés au soleil que pendant trois heures environ, après les avoir disposés en couches de l'épaisseur de deux ou trois travers de doigts, en les remuant, j'aime à le croire, deux ou trois fois dans cet intervalle.

« Différents essais m'ont appris que la vraie chaleur était celle de 80° Réaumur qui est celle de l'eau bouillante, lorsqu'on préfère d'étouffer au four. Les cocons prennent petit à petit ce degré de chaleur, et ne courent aucun risque lorsqu'on les met au four deux heures après qu'on en a tiré le pain, et qu'on les y laisse une heure environ ; ou bien pendant demi-heure seulement si on les met dans le four une heure après qu'on a retiré le pain.

« Pour s'assurer que la température du four est bien au degré voulu, le meilleur moyen est encore celui de consulter le thermomètre, mais à défaut de cet instrument, il n'y a qu'à avancer la main dans la gueule du four, si on peut l'y tenir 15 à 20 secondes il n'y a rien à craindre pour les cocons.

« Si l'on se sert d'une manne (panier ou berceau en osiers) pour mettre les cocons au four, il faudra faire attention à ne pas trop les y comprimer pour ne pas tomber dans la nécessité de ne pas devoir les y laisser même après que les couches circonférentielles du tas y sont déjà suffisamment restées, car l'on observe parfois que les chrysalides placées au centre ne meurent pas simultanément à celles de la circonference. En général, on peut établir que les cocons seront suffisamment cuits, lorsqu'en retirant la manne au bout du temps que nous avons marqué, on trouve que la vapeur qui s'est élevée du corps de la fève a non-seulement terni la couleur du cocon, jusqu'au centre ; mais qu'elle les a humectés au point de les ramollir comme un chiffon mouillé. On s'en apercevra en y plongeant la main.

Pour plus de sûreté on couvre la manne au sortir du four avec une couverture de laine pour y conserver plus longtemps la chaleur jusqu'à ce que tout soit refroidi.

« Lorsqu'en approchant l'oreille à la porte du four, sans l'ouvrir on entend un bruissement que font les chrysalides en s'agitant, on aura la certitude qu'elles sont encore vivantes. Il ne faudrait pas toutefois croire qu'elles sont mortes si on n'y entend point de bruissement. Dans ce cas pour plus de sûreté il conviendra de prendre au milieu du tas deux ou trois cocons, les ouvrir avec des ciseaux pour s'assurer si ou non la chrysalide bouge encore.

« Une heureuse modification de ce procédé consiste à étouffer les cocons dans une étuve d'une largeur de 4 mètres de chaque côtés et de la hauteur d'environ 5 mètres (ces dimensions cependant sont subordonnés à la quantité de cocons qu'on veut étouffer) et n'ayant qu'un petit volet et une porte qui se ferment en dehors. Au milieu de ce carré il y a un fourneau placé au-dessus du parquet et surmonté par une cloche ou chaudière renversée, et tout autour du bord qui pose sur le carreau. Au sommet de cette cloche il y a un tuyau qui sert de gaine de cheminée, et qui sort de l'étuve. L'entrée du fourneau et le cendrier sont en dehors de l'étuve.

« Tout autour de cette étuve sont fixées des consoles portant des tablettes, sur lesquelles s'étendent les cocons retenus en place par un petit rebord. Ces étages les uns au-dessus des autres, depuis le parquet jusqu'au plafond, se

trouvent à la distance l'un de l'autre de 40 centimètres, et les tablettes sont chargées d'une
couche de cocons à deux ou trois de travers de
doigts d'épaisseur (39).

(39) Cette méthode d'étouffage, moyennant l'air chaud, est
venue jusqu'à nous. Je connais des industriels qui la pra-
tiquent sur une grande échelle, et qui s'en trouvent fort
bien. A présent sur des quantités de cocons très-considé-
rables à la fois ils ont adopté le système de sacrifier la
promptitude à la sûreté en s'organisant de manière à obtenir leur résultat sûr et irréprochable en tenant leur
température entre les 55 et 60° centigrades, pendant dix ou
donze heures. C'est assez dire que pour parfaire deux
opérations par jour ils ont été obligés — même au point
de vue de l'économie — de s'assujétir à la non disconti-
nuation de leur travail pendant la nuit, ce qui implique
une surveillance pour maintenir et régler le feu, de manière à ce que la température de l'étuve ne monte ni descende au-delà des limites voulues, surveillance à laquelle
le chauffeur gardien peut très-facilement déroger, avec la
meilleure volonté de braver le besoin de dormir. Un thermomètre électrique satisfait admirablement à cette indication, en mettant en branle, le cas échéant, deux clo-
chettes : une à la portée du chauffeur, l'autre au-dessus
du chevet du lit du maître, si tant est que le maître loge
dans le même corps de bâtiment.　　　　　　　G. I.

« Une autre méthode qui est en usage un peu
partout, aussi bien chez les Chinois qu'ailleurs
où l'on étouffe des cocons, est aussi expéditive
que celle du four à pain et à l'étuve. Elle consiste à exposer les cocons à la vapeur de l'eau
bouillante ou presque bouillante, sur une large
chaudière assise sur un fourneau dont les joints
avec la chaudière sont bien solides.

« L'eau de la chaudière doit laisser libre en
haut un espace de la hauteur de 25 à 30 centimètres, pour qu'on puisse placer en bas de ce
vide un crible d'éclisses ou un cerceau sur lequel on tend un réseau de petites ficelles à
maille ou une grille de fil de fer. Le cerceau
doit être fait de mesure avec l'évasement de la
chaudière, pour qu'il n'enfonce pas au-delà du
point désigné et que les cocons dont le réseau
sera chargé, ne touchent pas l'eau.

« Le fourneau une fois en train, on remplit
le réseau de cocons autant que le vide de la
chaudière peut le permettre. On couvre l'ouverture de celle-ci par un couvercle en bois,
en couvrant ensuite ce couvercle d'une couverture, pour boucher tout passage à la vapeur. Il
suffit de cinq minutes pour étouffer les cocons
simples, sept pour les doubles (40).

(40) Tels sont les procédés mis en pratique à l'époque où
Boissier écrivait ses mémoires sur l'art d'élever les vers à
soie, pour étouffer les chrysalides dans leurs cocons, et
que, sauf quelques variantes dans l'application de la chaleur du soleil, de l'air et de la vapeur d'eau, ces procédés
sont encore les mêmes aujourd'hui.

Ces différentes applications de la chaleur dont le seul
résultat est de faire mourir les chrysalides asphytiques,
ont amené quelques savants à se demander si on ne pourrait pas obtenir le même résultat en les faisant mourir
empoisonnées. Je ne m'attarderais pas à passer en revue
toutes les substances chimiques qu'on a expérimentées
pour atteindre ce but, et encore moins des procédés dont
on s'est servi pour les appliquer. On a constaté, à vrai
dire, que de cette manière on peut obtenir l'anesthésie et
même l'apoplexie, mais à l'aide de substances d'un maniement fort difficile et non tout à fait inoffensif pour l'opérateur On a dû renoncer à cette découverte avant même de
la faire accepter par les sériculteurs, en la refoulant ainsi
dans la catégorie des tentatives stériles, à côté d'autres
beaucoup plus bruyantes, ne répondant en aucune manière
aux très-louables intentions de leurs auteurs.

Dans le nombre de toutes les opérations et manœuvres
comprises dans l'art d'élever les vers à soie, celle de l'é-
touffement des chrysalides vient la dernière, quoique ce ne
soit pas toujours l'éleveur qui en est chargé. Communément les cocons sont vendus au marché, ayant leurs chrysalides encore vivantes : l'acheteur, spéculateur ou tireur
de soie soit-il, s'en charge lui-même le plus tôt possible,
avant de le renfermer dans la coconnière pour ne pas être
surpris par une imprévoyable éclosion de papillons, ne
connaissant pas au juste l'âge des cocons qu'il achète. —
Ainsi, sans cesser d'être l'achèvement rationnel de la *sériculture* l'étouffage des cocons peut se considérer comme le
commencement préparatoire de toutes les manipulations
auxquelles on se livre pour convertir le cocon en soie au
moyen du tirage, pour apprêter ensuite ce textile et le
rendre apte à subir toutes les autres opérations indispensables pour être converti à son tour en étoffes. L'étouffage
des cocons est donc comme une terre débattable entre la
sériculture et la *séricotechnie* sans appartenir exclusivement à l'une ou l'autre de ces deux branches *capitales* de la
Séricologie.

CHAPITRE V

ANIMAUX NUISIBLES

Les *rats*, les *souris*, les *mulots*, les *fourmis*, les *grillons*, les *guêpes*, les *lézards*, les *arraignées*, les *kakerlaks* ou *cancrelats*, les *blattes*, les *oiseaux*, les *poules*, quelques *insectes coléoptères*, tels que le *dermeste du lard* et le *dermeste chinois* (Uji) sont les ennemis les plus dangereux pour l'industrie de la production de la soie. La présence de ces animaux dans une magnanerie ou dans une coconnière peut amener l'éducateur à constater des ravages fort considérables. Heureusement qu'on connaît la manière de s'en défendre et de les empêcher de prendre l'habitude de s'introduire clandestinement dans les locaux qu'on destine à l'éducation des vers, et à la conservation des cocons. Voici les moyens connus, comme les plus efficaces pour obtenir ce résultat.

Les *rats* et les *souris* sont également friands de la graine de la chenille et de la chrysalide. Dans ce dernier cas ils rongent et percent les cocons. Pour préservatif dans les trois genres de déprédations de ces petits rongeurs, entre les traquets, les souricières et autres engins mécaniques, et l'emploi des poisons sous la forme de boulettes de viande contenant de la fève de Saint-Ignace, de l'arsenic et de la strichnine, on s'en défend plus sûrement par l'isolement des appareils supportant les vers, la graine et les cocons ; mais comme ces appareils se posent sur le parquet, on empêchera les animaux nuisibles qui se servent de leurs pattes pour marcher, en enveloppant les pieds de l'appareil avec de l'ouate de coton cardé, enduite de goudron. Mais comme le goudron ne se maintient gluant que pendant quelques jours, il faudra enduire de nouveau la ouate dès qu'on s'apercevra que le goudron durcit. Au lieu de goudron on pourra se servir d'huile grasse de noix, toujours avec la même précaution de la renouveler à mesure qu'elle dessèche.

Les animaux ailés, telles que guêpes, dermestes, moineaux et autres oiseaux, on leur défendra l'entrée dans la magnanerie et dans la cocbnière, ne laissant aucune ouverture béante qui puisse leur servir pour s'y introduire. La porte devra être munie d'un rideau fait d'une étoffe très-lourde pour tomber à sa place aussitôt qu'on l'a écartée pour y passer. Ce rideau servira à empêcher les oiseaux et les insectes ailés de pénétrer, et en outre pour maintenir la température dans la chambrée et même d'y laisser entrer de l'air frais si la température est excessive. Il faudra que ce rideau présente une dimension plus large et plus haute de la largeur et de la hauteur de la porte, pour qu'il puisse former cette ouverture complètement. Les soupiraux d'en haut et d'en bas seront garnis d'un volet en toile grossière, et ayant un tissu très-large, ou en sparterie ou mieux en toile métallique : ce volet sera placé dormant au milieu de l'épaisseur du mur, et de manière à ne présenter aucune difficulté d'ouvrir et de fermer à volonté, la petite porte intérieure en bois, et qu'on ouvre et qu'on ferme, la faisant glisser sur deux canelures pratiquées dans deux planchettes, l'une en bas, ras le plancher, et l'autre en haut du soupirail. Les soupiraux d'en haut, et les croisées devront être garnis aussi du volet dormant en toile, ou mieux en toile métallique comme ne se laissant pas ronger par les rats et les souris. Rien n'empêche d'en faire autant pour les trappons qui seraient pratiqués sur le parquet.

Les *souris* et les *rats* se prêtent très-difficile-
ment à se laisser empoisonner par les gour-
mandisesqu'on leur offre, auxquelles ils ne mor-
dent que lorsqu'ils y sont contraints par
une faim dévorante et c'est ce qui leur arrive le
plus souvent en mars, époque de l'année où les
provisions sont presque partout épuisées.

Ler *blattes*, quoique vivant de préférence au
sein de la farine ne montrent pas comme le
rat, des notions toxicologiques suffisantes pour
ne pas tomber dans le piége qu'on leur tend en
leur offrant de la farine empoisonnée d'arsenic.
C'est de cette manière qu'on arrive à s'en débarrasser, au moins pour quelque temps. On fait des
blattières, qu'on appelle improprement *cafar-
dières* en terre, en bois ou en fer blanc, construites à l'aide d'un petit réservoir de 12 ou 15
centimètres de diamètre, et de la hauteur d'un
décimètre, raboteux en dehors pour que la
blatte puisse monter, et avec le rebord supérieur de la largeur de 2 ou 3 centimètres replié
en dedans, très-lisse, pour que les blattes en y
glissant de dessus tombent dans l'eau dont on
aura rempli à moitié le réservoir.

Les *fourmis* craignent l'odeur de l'huile de
térébenthine. Aussi il n'y aura qu'à en induire
les bords du trou par lequel elles entrent pour
s'en débarrasser.

L'*Uji* qui prospère très-bien au Japon, est
heureusement inconnu parmi nous, et cette
bonne fortune me dispense d'entrer dans de
longs détails, sur la physiologie de cet animal contre lequel les japonais font tous leurs
efforts pour s'en escrimer de leur mieux, car il
s'agit d'un ennemi dont la quantité s'élève parfois à la hauteur d'un véritable fléau. D'après
M. Sasa-Ki, l'Uji serait une mouche, qui dépose-
rait ses œufs sous l'épiderme du ver, près les
stigmates et où l'œuf se change en larve qui
s'infiltre dans la trachée, pour se préparer

petit à petit à l'accomplissement de ses ulté-
rieures transformations. La présence de ses
œufs ou de la larve est dévoilée par une tache
noire tout autour de l'ouverture de la stigmate.
Un ver peut nourrir, sans se détériorer, jusqu'à
trois Ujis. Cet insecte arrive à sa dernière transformation pendant que le ver est à l'état de
chrysalide. C'est alors qu'il devient insecte parfait et qu'il perce le cocon pour en sortir. C'est
un véritable parasite, peut-être l'unique du
ver à soie.

La chaleur intense qui tue la chrysalide du
ver, tue aussi l'Uji. Aussi les Japonais qui cul-
tivent les vers à soie pour grainage, dès qu'en
ouvrant quelques cocons, il leur arrive de constater la présence de la larve de l'Uji, ils s'em-
pressent de les fournoyer pour les destiner à la
bassine (41).

(41) Me voilà arrivé au bout de mon analyse récapitulative
de l'ouvrage séricole de Boissier des Sauvages. Je ne sais,
si voulant éviter les redites dans lesquelles est tombé très-
souvent notre auteur, ainsi que toutes les digressions théoriques dont il s'est servi pour rendre compte soit des phé-
nomènes étiologiques, hygiéniques et même pathologiques
qu'il a observés, soit de la justesse des procédés pédagogi-
ques qu'il préconise, je ne sais, dis-je, si je n'ai pas creusé
par ci par là de regrettables lacunes. Je puis avoir
commis quelques oublis et j'aurais bien de la peine à m'en
défendre victorieusement ; mais malgré cela j'ai la conviction d'en avoir assez dit, pour être atorisé à croire que tout
éleveur qui suivra exactement les règles et préceptes ren-
fermés dans ce petit travail aura certainement plus de
chances de bien réussir que ceux qui se borneraient à faire
fond sur les promesses réitérées des novateurs nos contemporains.
A propos de tous ces prétendus progrès réalisés depuis le commencement de la dernière moitié de ce siècle
il faut que je dise, que ce n'est pas par distraction que je
n'en ai pas tenu parole. Outre que j'ai du dire ce que j'en
pense dans la préface, d'autres écrivains ont assez entre-
tenu le monde intra et extra-séricole pour qu'il y ait lieu
d'y revenir.
D'ailleurs, à l'heure qu'il est la statistique a évidemment démontré, que les préconiseurs de l'emploi
du microscope en sériculture s'en sont par trop exagérée
l'importance, en ne craignant de garantir à l'éleveur non
seulement de belles récoltes, mais des récoltes plus plan-

tereuses que celles qu'on réalisait aux époques les plus florissantes de cette industrie. Si un certain nombre d'éducateurs ont eu à se féliciter du rendement de leur graines sélectionnées, la totalité les récoltes n'en persistes pas moins à se montrer plus ruineuse que rémunératrice.

Parmi la grande quantité d'éleveurs, qui ne tirent pas de leurs récoltes un profit suffisant pour se dédommager de leurs dépenses, on en constate cependant un certain nombre qui réussissent plus constamment. Certes, ceux-ci agissent de manière à se conformer aux meilleures règles dans les différentes périodes de la vie de l'insecte, tandis que les autres qui se regardent comme les disgraciés de la fortune ne se donnent d'autre peine que de nourrir leurs vers quand ils en ont le temps et pour tout le reste ils s'en rapportent à l'influence saisonnière, d'après la fausse idée que la sériculture soit une industrie purement agricole. Cette malencontreuses croyance, à l'autocratie saisonnière, qui tend rien moins qu'à exclure de la sériculture l'art de la professer, est, sans conteste, la cause principale de la supériorité numérique des insuccès sur les réussites. Il y a indubitablement des saisons propices pour les vers à soie, comme il y en a pour tous les êtres vivants ; mais de là à conclure que toutes espèces de mauvaises saisons, soient inévitables et incorrigibles, et partant que les éducateurs de vers à soie doivent être condamnées à en essuyer la pernicieuse influence, il y un écart qu'on ne saurait franchir sans s'inscrire en faux contre les ressources de l'intelligence humaine, et se vouer ainsi au plus grossier fatalisme.

En fait de saisons, il y en a il est vrai, de fort dangereuses pour l'issue des éducations, mais à coup sûr, malgré leur durée et leur intensité elles seront d'autant moins mourtrières, que l'éleveur pourra ou songera à en amoindrir, si non en neutraliser radicalement le seffets. On peut presque dire, que sauf les cataclysmes atmosphériques et la gelée des mûriers, il n'y a pas de saisons mauvaises pour les éducateurs habiles et alertes, tandis que les moindres intempéries peuvent résulter funestes à un éducateur ignare ou nonchalant. Je conclue donc :

L'éducateur ne perdera pas son temps en apprenant l'art d'élever les vers à soie, et à en suivre ponctuellement les précautions qu'il suggère, et les règles et préceptes qu'il indique. Et ce qu'il le doit engager à se tenir à ces conseils c'est de se bien convaincre que ceux parmi ses confrères qui réussissent le plus constamment sont les plus instruits et les plus actifs. Que si malgré son instruction, ses soins et sa diligence il vient à échouer, — ce qu'il faut admettre en raison de la non infaillibilité de l'art séricole — il pourra alors, mais seulement alors se considérer irresponsable de l'irréussite.

CHAPITRE ADDITIONNEL

SUR UNE

MÉTHODE DES PLUS ÉCONOMIQUES

D'ÉLEVER LES VERS A SOIE

Frappés par le bon marché relatif, auquel les exportateurs japonais peuvent livrer leurs cocons sur nos places d'Europe, quelques sériculteurs italiens parmi les plus compétents, ont dus se préoccuper des moyens à prendre pour pouvoir tenir tête à cette désastreuse concurrence étrangère. Après avoir passé en revue tous les expédients auxquels on aurait pu avoir recours pour mettre la sériculture italienne dans les mêmes conditions favorables de la sériculture japonaise, ils ont été amené à se convaincre que le nombre de ces expédients est fort restreint. En effet, on a beau se torturer l'esprit, pour soutenir une concurrence de cette nature ; il n'y a d'autre moyen que de produire beaucoup plus que le concurrent, ou produire plus beau, ou produire à meilleur marché.

En Italie et en France il n'est guère à espérer de faire de la soie plus belle qu'elle ne l'est : ce n'est donc pas sur la qualité de la production que nous pouvons craindre la concurrence. Pour ce qui est de la quantité depuis de longues années nous ne pouvons en dire autant, et par malheur le libre-échange empêche le producteur de se rattraper sur le prix. A cet égard il n'y a que les améliorations dans les récoltes qui puissent nous redonner notre ancienne supériorité. D'après les renseignements authentiques pris sur les lieux, les frais de la production au Japon sont beaucoup moindres qu'en France et en Italie. Voilà la seule concurrence que nous avons à craindre, et dont il est urgent de se préoccuper. Pour cela faire, la première idée qui se présente est de diminuer les frais de main-d'œuvre, et cela n'est plus faisable, car dans les circonstances actuelles le taux des salaires tend plutôt à augmenter qu'à abaisser.

Ne pouvant rien retrancher du salaire des ouvriers, il ne reste d'autres expédients que d'en réduire le nombre par la simplification des ustensiles magnaniers, et par un procédé d'éducation moins compliqué et plus expéditif. Les honorables sériculteurs dont je viens de faire mention peuvent dire comme Archimède *Eureka ;* ils l'ont trouvé, et il faut dire qu'ils n'ont pas été obligés de faire un long voyage pour le trouver, comme si le hasard avait obéi à la nature, qui si souvent met le remède à côté du mal.

Ce remède, certes, n'est pas nouveau et les érudits seraient embarrassés s'ils voulaient établir la date même approximative de son invention. Ce qu'on peut dire ou mieux présumer c'est que cet appareil — puisque le remède est un appareil — vu sa rusticité, et son coût presque nul, doit avoir été inventé par quelque pauvre famille, qui n'avait pas à sa disposition assez de ressources pour hospiter plus convenablement ses élèves.

Quoiqu'il en soit, cet appareil qui est employé à l'éducation des vers à soie par les habitants du Frioul, et des régions environnantes depuis un temps immémorial, offre tous les avantages économiques que l'on peut désirer. Par son adoption et par les nombreuses expériences faites en vue d'en constater l'utilité, ce meuble, que dans la langue du pays on appelle *Cavallone,* a été reconnu comme non seulement d'un fonctionnement très-économique en fait de main-d'œuvre, mais aussi comme susceptible de donner de meilleures récoltes, et cela en réduisant de beaucoup le nombre des ouvriers, en évitant la dissipation de la feuille, et en facilitant la surveillance à l'éleveur, et ce dernier resultat n'est pas à dédaigner.

Voici plus précisément les avantages présentés par l'emploi de ce meuble résumés par M. le professeur A. Ottavi, et que j'emprunte — comme tout ce qui se rapporte à ce même sujet — à l'excellent journal séricole le *Bacologo italiano.*

1° Là, où il faut présentement 12 ou 15 personnes au 4ᵉ âge, 2 suffisent;

2° Il ne faut ni carton, ni papier percé, ni échelles, et fort peu de nattes faites avec des roseaux ou du fil de cordonnier, ou encoreavec du fil de fer;

3° L'économie sur la feuille est de 30 %;

4° Il n'est nullement besoin d'une bruyère spéciale;

5° Enfin les vers se conservent sains et vigoureux, mieux que par tout autre système.

M. Freschi, le vénéré doyen de la sériculture italienne, évalue l'économie de main-d'œuvre à 80 %. Il ne faut pas oublier en outre que ce meuble qui n'est qu'un *chevalet* ne fonctionne qu'aux derniers âges, alors que l'éducation exige la plus grande somme de travail, au moment où la sériculture dans les fermes enlève beaucoup de bras à l'agriculture, qui en aurait le plus grand besoin pour la vigne, le maïs, etc.

A tous ces avantages viennent s'en joindre d'autres qui méritent d'être pris en considération. Certes, on réalisera une sensible économie de matériel magnanier et dans les frais de façon. En effet, dans les diverses manières du système ordinaire il est indispensable d'avoir à sa disposition un assortiment de claies et avec ces claies le matériel pour les supporter. Le système Frioulan Cavallo, par contre dispense de tout cet attirail, qu'il faut tenir prêt pour les derniers âges du ver. Il suffit de quelques rares pieux, de perches, de roseaux ou de branches jointes économiquement rudimentairement entre elles ; et encore est-il à tenir compte, que tout cela peut servir à d'autres usages lorsqu'on aura démonté le chevalet. Les outils de menuiserie et le menuisier lui-même deviennent inutiles : une scie, une petite hache, et une mince tarrière, ou même une grosse percerette ou vrille suffisent dans les mains du premier venu qui ne soit tout à fait dépourvu d'adresse.

Cependant, malgré la réalité de tous ces avantages le système frioulan rencontre des obstacles à sa divulgation. Il a même ses adversaires, comme s'il était né d'hier, et qu'il n'eut pas par devers lui d'avoir été employé, depuis longtemps, et de l'être encore chez les habitants d'une région italienne des plus renommées en fait de production soyère. Mais outre d'avoir à compter avec l'habitude, et mieux avec la routine, le système frioulan Cavallo est obligé maintenant de se défendre contre quelques objections qui à la première audition peuvent paraître ce qu'elles ne sont pas, je veux dire, irréfutables, demandent à être mises sous les yeux des lecteurs accompagnées des quelques réflexions suivantes.

Les opposants font remarquer d'abord que le système en question exige des locaux beaucoup trop spacieux qu'avec le système ordinaire. En effet — disent-ils — tandis que avec le système de rayonnage des claies les unes au-dessus des autres, on peut en superposer six ou sept, selon la hauteur de la magnanerie, le système frioulan n'en admet que deux l'une en face de l'autre aux deux versants du châtelet. Cette objection ne manque pas d'une certaine apparence de justesse, mais ne manque pas non plus de suggérer une foule de réponses, qui en atténuent considérablement la portée. Mais avant tout présentons au lecteur la construction du chevalet frioulan, car dans cette circonstance comme dans toutes lorsqu'il s'agit de faire comprendre des mécanismes, on y réussit beaucoup mieux en parlant aux yeux qu'aux oreilles. Voici donc l'image du dit chevalet tel qu'il doit être construit.

Fig. 1.

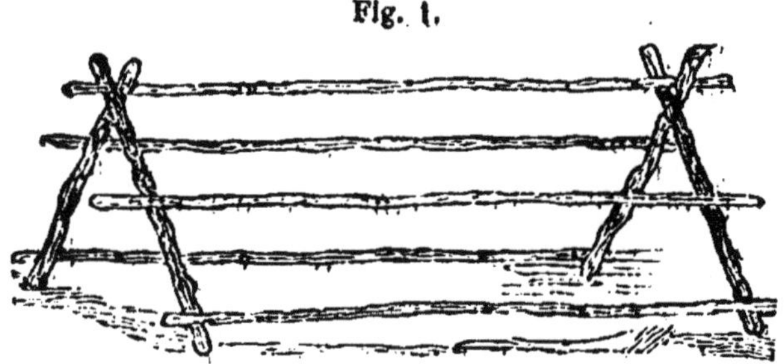

Fig. 2.

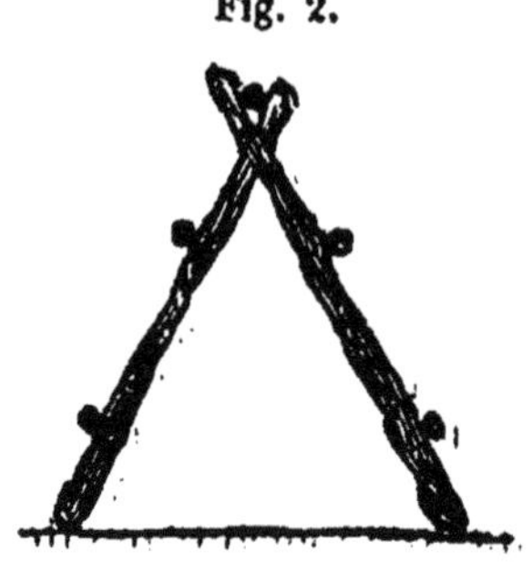

La fig. 1re fait voir la charpente d'un toit rustique à deux versants construit économiquement en pieux et en perches. La fig. 2 fait voir l'enchevêtrement dudit chevalet.

Construction. Deux pals à chaque bout du chevalet, qui se croisent à leur pointe supérieure, et une perche de la longueur qu'on veut donner au chevalet fixée par ses extrémités sur les deux points de croisements de deux couples de pals pour servir à les tenir unies entre elles. Parallèlement un certain nombre de petites perches de branches ou de roseaux disposés sur des chevilles, dont sont munis les pals sur toute leur longueur fig. 2. Ces petites perches supportent les brandilles de mûrier qu'on y met dessus et les vers. Ces traverses représentent la claie des tablettes dans le système d'éducation ordinaire. Voilà toute la construction. Maintenant voici quelques données pratiques.

La longueur des chevalets varie suivant l'ampleur et la forme de la magnanerie. La hauteur la plus convenable est celle de mètre 1.50, parce que de cette manière l'opérateur peut facilement travailler d'en haut si c'est nécessaire.

La largeur de la base entre les deux jambes du chevalet aura mètre 1.50 aussi, parce que l'inclinaison de deux versants doit être aussi minime que possible, juste ce qu'il faut pour soutenir des branches chargées de vers.

Lorsque l'aire de la magnanerie le permet on peut construire plusieurs chevalets, ayant soin de laisser entre les uns et les autres un passage d'un mètre pour le service. Si l'espace le permet, on pourra aussi construire de demi-chalets d'un seul versant, et dans ce cas on les appuie au mur. En se servant de tablettes ordinaires ces chevalets seront bientôt construits, puisqu'il n'y a qu'à redresser les tablettes en pente, en les appuyant contre le mur. Il reste seulement à observer que si pour faire un chevalet entier, ou la moitié d'un seul, on se sert de tablettes ordinaires, celles-ci doivent-être à mailles très-larges, car différemment elles empêcheraient la chûte des immondices, et la libre circulation de l'air.

Il sera bon de disposer les chevalets de manière à ce que l'on puisse circuler entre l'espace laissé par les deux versants ou entre le mur et le versant placés en appentis.

Fonctionnement. Avant tout sur les deux versants on étend provisoirement des feuilles de papier ou de la paille pour empêcher que les vers qu'on y transporte ne tombent pas à terre. Après quelques repas, lorsque les branches auront formé un certain entrelacement capable de prévenir cette chûte, on enlèvera le papier ou la paille, et de cette manière l'air pourra circuler librement, en tout sens, et rien n'empêchera les débris de feuilles, ainsi que les excréments de tomber sur le plancher.

Lorsque les vers se seront éveillés de leur troisième sommeil sur les claies communes, on les transfère sur le chevalet, au moyen de branches feuillues. Dans cet état ils n'en occupent que la moitié inférieure : ils occuperont petit à petit le reste d'eux-mêmes, et s'y logeront à fur et à mesure de leur développement.

A partir de ce moment-là jusqu'à la montée au bois on laisse les vers sans les plus toucher. On distribue successivement les repas sur le chevalet au moyen de branches entières qu'on ne dispose plus que longitudinalement ou transversalement, mais de bas en haut dans le sens du plan incliné.

Si on laissait s'accumuler sur le chevalet tous les bois de brindilles, reliefs des repas fournis aux vers, celles-ci aboutiraient à former un tas trop épais, trop lourd et trop gênant. On fera donc bien de l'amincir de temps en temps, ce à quoi on pourvoira mieux que de toute manière, de la façon suivante : Aussitôt que le tas de brindilles aura acquis l'épaisseur de 10 à 12 centimètres, le moment convenable d'opérer cette espèce de délitement sera venu. Mais préalablement on aura doublé le nombre des chevilles qui supportent les traverses, c'est-à-dire en en plaçant une seconde au-dessous de chacune de celles indiquées dans la fig. 1re à la distance correspondant approximativement à l'épaisseur de l'entassement qu'on veut sortir. Ces chevilles seront plantées dans le pal de manière à former avec le pal la lettre V, ou autrement les trous dans lesquels elles pénètrent devront être percés de haut en bas. On devra se prémunir d'un double assortiment de traverses.

Le moment venu d'opérer on place les chevilles supérieures (j'oubliais de dire que les chevilles doivent tantôt verticalement, tantôt transversalement être plantées à l'intérieur du pal) et on continue à fournir des brandilles aux vers. Après deux ou trois couches de brandilles effeuillées on sort les traverses d'en bas, et l'entassement tombera tout seul à la fois. Il ne reste plus qu'à abaisser la souche de brandille existante pour la tenir prête elle aussi à être remplacée par une nouvelle dès qu'elle aura acquise l'épaisseur voulue de 10 à 12 centimètres.

Pour distribuer la feuille aux vers, le magnanier, après avoir réunis les branches feuillues en petits fagots maniables, il en met un sur le bras gauche et ensuite avec la main droite il enlève une à une les branches, puis en procédant de gauche à droite il les étend sur le chevalet, de manière à ce que les vers, à mesure qu'ils se développent, puissent trouver espace et nourriture en même temps. Ce travail se fait vite et remplit ainsi une des conditions essentielles à l'économie de la main-d'œuvre.

Embruyèrement. Cette opération, dans le système Frioulan, est la chose la plus facile. Quelques magnaniers étendent sur les deux ver-

sants une graminée ou de la bruyère, ou toutes
autres subs ances semblables, dans lesquelles
les vers puissent tisser leurs cocons. Mais on se
sert plus économiquement de paille de seigle
ou d'autres céréales pourvu qu'elle soit propre
et consistante.

On met cette paille en petits paquets d'une
longueur d'un démi-mètre environ, ensuite on
en prend une poignée qu'on introduit verticalement dans l'amoncellement des brandilles qui
sert de litière aux vers. La paille se tiendra
droite, offrant ainsi un milieu approprié pour le
coconnage.

Avant tout on revêt de paille le faîte du chevalet de manière à former une bande de 40 centimètres environ, puis toujours avec la même
paille on établit d'autres bandes de la même
largeur dans le sens de l'inclination du chevalet
en ayant soin de laisser la distance d'un mètre
de l'une à l'autre. Les vers, au fur et à mesure
qu'ils mûrissent, se dirigent vers ces bandes de
paille ainsi formées. Dans les espaces intermé-
diaires on jette de la feuille toujours en branches aux vers, qui ont encore besoin de quelques repas. A mesure que les derniers se déci-
deront à filer leur cocons on agrandira en même
temps les bandes de paille et on resserrera par
conséquent les espaces vides, de manière qu'à
la fin, lorsque tous nos insectes seront au travail, tout le chevalet représentera un vrai bois
de paille (v. la fig. 3 ci-dessous).

Fig. 3.

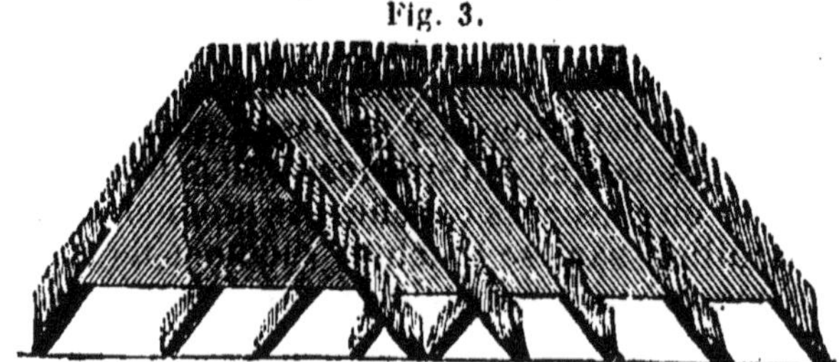

Cette figure représente le chevalet avec ses premières bandes de paille.

Objections et réponses. J'ai dit précédemment qu'on incrimine le chevalet Frioulan de tenir beaucoup plus de place que n'en occupent nos claies dans le système ordinaire, accusation, j'ai ajouté, qu'en y réfléchissant bien, perd considérablement de sa valeur. Pour s'en convaincre qu'on s'imagine deux tablettes ordinaires de 1^{m}50 de hauteur et autant de largeur, réunies ensembles de manière à former un triangle équilatéral. Ces deux tablettes larges de 75 centimètres et long deux fois autant ou mètre 1.50 placées horizontalement une à côté de l'autre, représentent une surface carrée de mètres 2.25, tandis que les mêmes tablettes, placées presque droites, mais avec la partie du chevalet ne représentent plus sur le parquet que la moitié de cette surface, ce qui fait que par la disposition des deux tablettes en for e de Λ renversé on diminue de la moitié de la place qu'elles couvrent dans le système ordinaire. Et qu'on veuille bien remarquer qu'on en gagnera encore d'avantage en tenant l'ouverture du Λ renversé un peu plus étroite, je veux dire donnant moins de pente aux deux pals — ce qu'il conviendra de faire pour que l'opérateur puisse atteindre de sa main le sommet du chevalet — on obtiendra une économie d'espace encore plus sensible.

Si la surface horizontale occupée par le chevalet est pour le moins la moitié moindre que celle occupée par les chalets ordinaires, l'aire des tablettes s'accroît par les nombreuses brandilles qu'on est obligé d'y entasser pour nourrir les vers, ce qui fait que les vers peuvent se disposer en plusieurs couches, se promener sur les ramilles, sans se toucher, même s'ils sont plus nombreux. Au lieu de perdre de surface on en acquière donc, et on peut dire qu'une quan-

tité donnée de vers, placés sur une claie horizontalement, où les vers, non seulement se
touchent, mais sont amoncelés et entrelacés les
uns les autres, au point de ne pouvoir pas se
mouvoir, cette même quantité de vers, dis-je,
pourra se tenir à son aise sur le chevalet Frioulan, ce qui ne peut que favoriser l'hygiène de
l'insecte.

L'augmentation de la surface qu'acquière la
claie dans le système Frioulan, par suite des ramilles dont on nourrit le ver, et, par contre la
diminution de la surface horizontale du parquet
qui est toute à la faveur de ce système, même en
ne tenant compte des convenances hygiéniques
ni de celles de l'opérateur, suffisent pour dissiper la crainte des opposants, qu'il faille beaucoup plus d'espace pour le chevalet frioulan que
pour un châtelet ordinaire à parité du nombre
de vers.

Les adversaires du système frioulan tirent
une autre objection du préjudice que peu porter
aux mûriers, si au lieu de les effeuiller seulement, il faut les tailler chaque année, méthode
désapprouvée par quelques sériculteurs, et
même par M. Pasteur.

Outre le grand nombres d'agronomes, et des
plus compétents qui professent une opinion
contraire taillent leurs mûriers toutes les années, — et cette longue expérimentation des
praticiens, vaut bien l'opinion des savants et
même de M. Pasteur — bien d'autres raisons se
présentent à l'appui de la taille annuelle.

Il ne faut pas oublier qu'en maintes localités,
où on cueille la feuille, on pratique la taille
après la cueillette et personne ne s'aperçoit que
les mûriers en souffrent. Pourquoi, on peut se
demander le mûrier ferait-il exception à la règle
suivie à l'égard des oliviers, des arbres fruitiers, et des vignes qu'on taille chaque année ?

La taille annuelle pratiquée sur des scions

d'un an ne peut certaibement pas produire un grand dommage, car dans ce cas la blessure est légère et se cicatrise facilement, et la taille faite convenablement ne nuit pas au développement de la plante, pourvu que les mûriers soient bien tenus, et plantés sur un terrain favorable et fumé. Je crois au contraire que les maîtresses coupes qui se font tous les 3, 5 et 10 ans doivent produire une perturbation bien plus grande dans le développement des fonctions de l'arbre.

Il est vrai de dire cependant que la taille annuelle mal pratiquée peut provoquer le dépérissement de la plante C'est à cette cause que M. le comte Freschi attribue le mal que d'aucuns mettent sur le compte de la taille ordinaire. C'est pourquoi cet habile sériculteur conseille de détacher la branche d'un coup net et horizontal au-dessus du second œil de la branche elle même laissant ainsi deux bourgeons destinés à servir l'année après.

Pour conclure, je pourrais en dernière lieu citer la belle plantation du professeur Ottavi, ainsi que les mûriers d'un grand nombre de sériculteurs de différentes parties d'Italie qui n'ont ou nullement à regretter le dommage qu'on dit provenir de la taille annuelle.

Un de mes amis d'Udine m'informait, il n'y a pas longtemps, que dans toute la province udinoise on cultive les mûriers à hauteur d'homme, et qu'on les ébranches tous les ans ou tous les deux ans selon qu'on veut donner aux vers de la feuille plus ou moins corsée. Cette pratique nous ramène aux idées de Boissier, qui dans un traité de la culture du mûrier fait le plus grand cas du *mûrier nain* ou de *buisson*, comme arbrisseau qui donne de la feuille excellente et qui se contente de toute sorte de terrain dans lequel on le plante et aussi qui ne craint nullement de fournir des scions bien

fournis de feuilles toutes les années. « Les
terres — dit Boissier — les plus maigres, les
plus arides où les mûriers de tige languissent,
quoique bien cultivées, ne rapporteraient que
peu, des terres, dis-je, suffisent, avec la même
culture, pour la réussite des mûriers nains. »

Dans un moment, et peut-être malheureusement dans un avenir, dans lesquels le sériculteur est obligé de viser à la plus stricte économie dans le prix de revient de sa récolte, il lui
faut s'accrocher à toutes les ressources, n'importe leur ténuité et où elles se présentent. L'é-
conomie de main-d'œuvre dans la culture du
mûrier, et de la cueillette de la feuille n'est pas
insignifiante pour le cultivateur propriétaire, ou
métayer, ou fermier soit-il, ni non plus par le
simple possesseur de la propriété quelque soit
le système qu'il préfère pour l'exploiter.

Le système séricole frioulan est sans conteste
le plus économique et le plus productif que l'on
connaisse. D'une construction qu'on ne saurait
simplifier, d'un fonctionnement, qui ne demande
pas une semaine d'apprentissage pour bien le
conduire, ce système au point de vue rationnel,
hygiénique et économique ne laisse rien à désirer. Il ne contredit en aucune manière les
règles et préceptes de l'art d'élever les vers à
soie prescrites par les sériculteurs les plus compétents qui ont écrit sur la matière, et je puis
dire Boissier, qui, certes, s'il l'avait connu
n'aurait pas hésité à le préconiser. Si quelques
sériculteurs, d'ailleurs fort compétents ont reconnu dans la construction de cet appareil quelques légères imperfections, qu'ils ont cherché à
faire disparaître, cependant les variantes d'or-
ganisation qu'ils ont proposées, n'ont pas réussi
à mon avis, à nous donner ni des appareils plus
simples, plus économiques, ni d'un maniement
plus facile, ni d'un fonctionnement plus assuré.
C'est pourquoi je serais tenté de conclure que le

chevalet frioulan tel qu'il nous a été proposé par
M. Cavallo, et tel qu'il est employé dans le
Frioul et ailleurs, comme appareil *auxiliaire*
applicable à la dernière moitié de la vie du ver
à soie, peut être envisagé même dans sa rusticité comme ie meuble le plus utile dont on
puisse garnir une magnanerie.

(Extrait du journal le *Bacologo italiano*.)

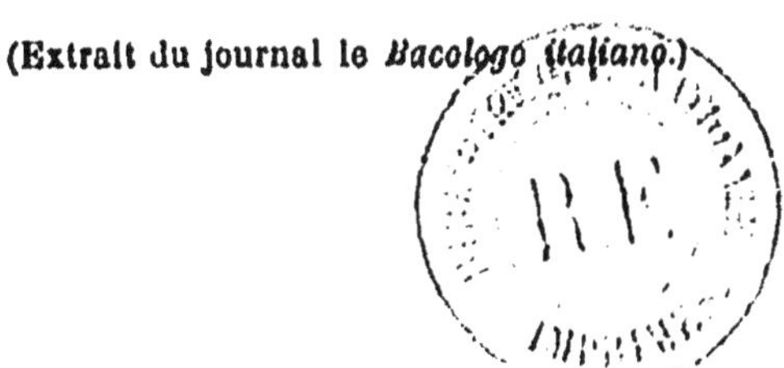

TABLE DES MATIÈRES

CONTENUES DANS CE VOLUME

PREMIÈRE PARTIE

CHAPITRE PREMIER

Des maladies des vers à soie

CHAPITRE DEUXIÈME

CHAPITRE TROISIÈME

SECONDE PARTIE

CHAPITRE PREMIER

TROISIEME PARTIE

CHAPITRE PREMIER

Notions complémentaires

CHAPITRE ADDITIONNEL

TABLE DES ANNOTATIONS DE L'ÉDITEUR

Lyon. — Imp. Bourgeon, rue Saint-Paul, 36-38.

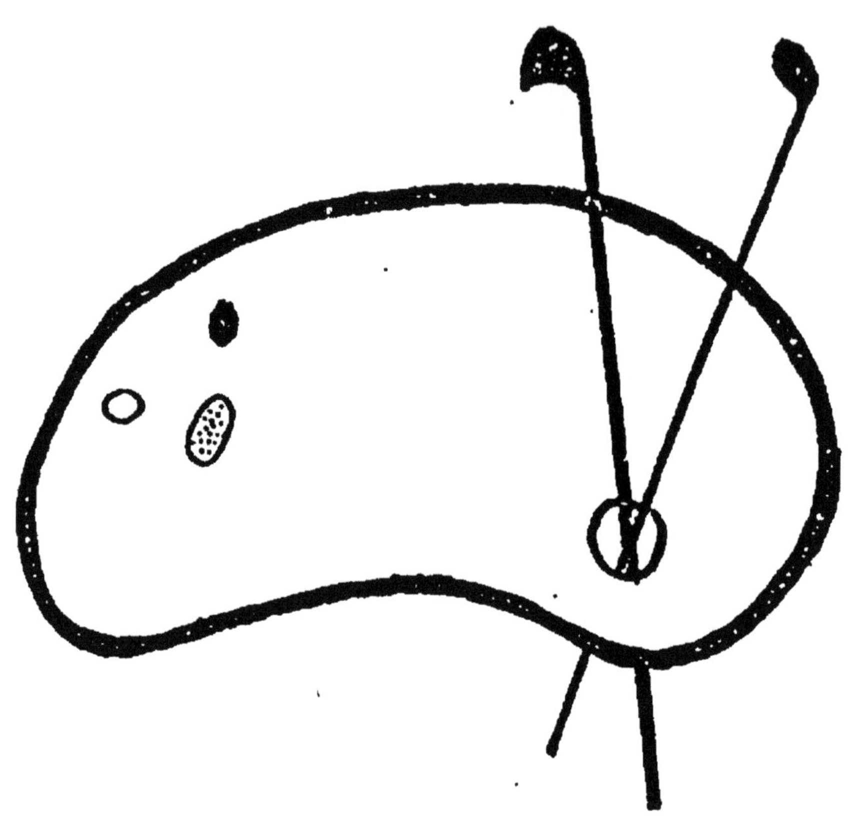